大数据技术丛书

Spark SQL
大数据分析快速上手

迟殿委 王泽慧 黄茵茵 著

清华大学出版社
北京

内 容 简 介

本书内容基于Spark新版本展开，符合企业目前开发需要。本书全面讲解Spark SQL相关知识和实战应用，各章均提供较为丰富的案例及其详细的操作步骤，并配套示例源码、数据集、PPT课件和教学大纲。

本书共10章。第1~3章为Spark SQL的基础准备部分，内容包括Spark SQL的发展和简介、Spark的典型数据容器及关系、Spark概述与环境搭建、Spark典型数据结构RDD；第4~7章为Spark SQL的基础应用部分，内容包括Spark SQL入门实战（包括Scala编程基础）、SQL基础语法、操作多数据源、Spark SQL性能调优等；第8~10章分别通过影评数据分析、商品统计数据分析、咖啡销售数据分析等3个实战项目进行巩固提升。

本书内容翔实、示例丰富，既可作为Spark初学者、大数据分析人员、大数据应用开发人员的自学手册，也可作为高等院校或高职高专院校计算机、软件工程、数据科学与大数据技术、智能科学与技术、人工智能等专业大数据课程的教材。

本书封面贴有清华大学出版社防伪标签，无标签者不得销售。
版权所有，侵权必究。举报：010-62782989，beiqinquan@tup.tsinghua.edu.cn。

图书在版编目（CIP）数据

Spark SQL 大数据分析快速上手 / 迟殿委，王泽慧，黄茵茵著. -- 北京：清华大学出版社，2024. 10.
（大数据技术丛书）. -- ISBN 978-7-302-67486-3

Ⅰ. TP274

中国国家版本馆CIP数据核字第2024NP3304号

责任编辑：夏毓彦
封面设计：王　翔
责任校对：闫秀华
责任印制：曹婉颖

出版发行：清华大学出版社
网　　址：https://www.tup.com.cn, https://www.wqxuetang.com
地　　址：北京清华大学学研大厦A座　　　　　邮　编：100084
社 总 机：010-83470000　　　　　　　　　　　邮　购：010-62786544
投稿与读者服务：010-62776969，c-service@tup.tsinghua.edu.cn
质量反馈：010-62772015，zhiliang@tup.tsinghua.edu.cn
印 装 者：三河市人民印务有限公司
经　　销：全国新华书店
开　　本：190mm×260mm　　　　印　张：14.25　　　　字　数：385千字
版　　次：2024年11月第1版　　　　　　　　　　印　次：2024年11月第1次印刷
定　　价：89.00元

产品编号：108924-01

前 言

随着大数据技术的不断发展和新数据的不断产生,大数据处理引擎也在不断升级。Spark作为继Hadoop之后的下一代大数据处理引擎,经过飞跃式发展,现已成为大数据产业中的一股中坚力量,越来越多的企业和组织开始使用Spark进行数据处理。而Spark SQL作为Spark生态系统中的一个重要组成部分,提供了SQL接口,使得数据分析人员可以更加便捷地进行数据查询和分析。在此背景下,市场上对于掌握Spark SQL数据分析技能的人才需求旺盛。

关于本书

本书内容基于Spark新版本展开,符合企业开发数据分析应用的需要。本书全面讲解Spark SQL相关知识和实战应用;内容包括Spark SQL概述、Spark概述和环境搭建、Spark典型数据结构RDD、Spark SQL入门实战(包括Scala编程基础)、Spark SQL语法基础及应用、Spark SQL数据源、Spark SQL性能调优等。最后通过影评数据分析、商品统计数据分析、咖啡销售数据分析等3个Spark SQL实战项目进行技能提升。

本书特点

(1)本书重视实践操作,涵盖框架搭建和开发环境安装、技术框架快速示例引入、技术框架详细案例讲解、大数据分析综合项目实战提升等内容,并将实战开发与理论知识相结合,从而促进读者深入掌握大数据分析技能。

(2)作者是具有多年大数据分析和处理实战经验的高级工程师,在写作本书时,结合自己的技术功底并融入实战心得,使得所介绍的内容逻辑清晰、步骤详细、通俗易懂,方便读者自学。

(3)本书配套提供全部示例源码、数据集、PPT课件和教学大纲,方便读者提高学习效率,保证学习质量。

配套资源下载与答疑服务

本书配套资源包括示例源码、数据集、PPT课件和教学大纲,读者需要用自己的微信扫描下面的二维码获取。如果阅读过程中发现问题或产生疑问,请使用下载资源中提供的相关电子邮箱或微信联系我们。

本书读者

- Spark 初学者
- Spark 大数据分析人员
- Spark 大数据管理人员
- Spark 大数据分析应用开发人员
- 高等院校或高职高专院校 Spark 大数据课程的学生

编者
2024年8月

目 录

第 1 章 Spark SQL 概述 ··· 1

1.1 Spark SQL 简介 ··· 1
1.1.1 什么是 Spark SQL ·· 1
1.1.2 Spark SQL 的特点 ·· 2
1.2 Spark 数据容器 ··· 4
1.2.1 什么是 DataFrame ·· 4
1.2.2 什么是 DataSet ·· 5
1.2.3 Spark SQL 与 DataFrame ·· 6
1.2.4 DataFrame 与 RDD 的差异 ·· 6

第 2 章 Spark 概述及环境搭建 ··· 8

2.1 Spark 概述 ··· 8
2.1.1 关于 Spark ·· 8
2.1.2 Spark 的基本概念 ··· 9
2.1.3 Spark 集群相关知识 ·· 11
2.2 Linux 环境搭建 ··· 16
2.2.1 VirtualBox 虚拟机的安装 ·· 16
2.2.2 安装 Linux 操作系统 ··· 18
2.2.3 SSH 工具与使用 ·· 24
2.2.4 Linux 的统一设置 ··· 26
2.3 Hadoop 完全分布式环境搭建 ··· 28
2.4 Spark 的安装与配置 ··· 33
2.4.1 本地模式安装 ·· 34
2.4.2 伪分布模式安装 ··· 36
2.4.3 完全分布模式安装 ·· 39
2.4.4 Spark on YARN ··· 41

2.5 Spark 的任务提交 ·· 45
    2.5.1 使用 spark-submit 提交 ··· 45
    2.5.2 spark-submit 参数说明 ·· 46

第 3 章 Spark 的典型数据结构 RDD ·· 49

3.1 什么是 RDD ··· 49
3.2 RDD 的主要属性 ·· 50
3.3 RDD 的特点 ··· 51
3.4 RDD 的创建与处理过程 ·· 54
    3.4.1 RDD 的创建 ·· 55
    3.4.2 RDD 的处理过程 ·· 55
    3.4.3 RDD 的算子 ·· 56

第 4 章 Spark SQL 入门实战 ·· 65

4.1 DataFrame 和 DataSet 实战体验 ·· 65
    4.1.1 SparkSession ·· 65
    4.1.2 DataFrame 应用 ·· 66
    4.1.3 DataSet 应用 ·· 72
    4.1.4 DataFrame 和 DataSet 之间的交互 ·· 74
4.2 Scala 开发环境搭建及其基础编程 ·· 74
    4.2.1 开发环境搭建 ··· 75
    4.2.2 Scala 基础编程 ··· 78
4.3 Spark SQL 实战入门体验 ·· 94

第 5 章 Spark SQL 语法基础及应用 ·· 101

5.1 Hive 安装与元数据存储配置 ··· 101
    5.1.1 安装 Hive ·· 101
    5.1.2 配置 MySQL 存储元数据 ··· 104
5.2 Spark SQL DML 语句 ··· 107
    5.2.1 插入数据 ·· 107
    5.2.2 加载数据 ·· 110
5.3 Spark SQL 查询语句 ··· 111
5.4 Spark SQL 函数操作 ··· 115
    5.4.1 内置函数及使用 ··· 115
    5.4.2 自定义函数 ··· 126

第 6 章　Spark SQL 数据源 131

6.1　Spark SQL 数据加载、存储概述 131
6.1.1　通用 load/save 函数 131
6.1.2　手动指定选项 133
6.1.3　在文件上直接进行 SQL 查询 133
6.1.4　存储模式 133
6.1.5　持久化到表 134
6.1.6　桶、排序、分区操作 135
6.2　Spark SQL 常见结构化数据源 135
6.2.1　Parquet 文件 135
6.2.2　JSON 数据集 140
6.2.3　Hive 表 141
6.2.4　其他关系数据库中的数据表 144

第 7 章　Spark SQL 性能调优 148

7.1　Spark 执行流程 148
7.2　Spark 内存管理 149
7.3　Spark 的一些概念 150
7.4　Spark 开发原则 151
7.5　Spark 调优方法 157
7.6　数据倾斜调优 168
7.7　Spark 执行引擎 Tungsten 简介 172
7.8　Spark SQL 解析引擎 Catalyst 简介 173

第 8 章　Spark SQL 影评大数据分析项目实战 177

8.1　项目介绍 177
8.2　项目实现 179
8.2.1　引入依赖 179
8.2.2　公共类开发 184
8.2.3　需求 1 的实现 187
8.2.4　需求 2 的实现 191
8.2.5　需求 3 的实现 194

第 9 章　Spark SQL 商品统计分析项目实战 198

9.1　项目介绍 198
9.2　项目实现 201

	9.2.1 引入依赖	201
	9.2.2 环境测试	202
	9.2.3 Spark SQL 初始化数据	203
	9.2.4 Spark SQL 商品数据分析	206

第 10 章 Spark SQL 咖啡销售数据分析项目实战 211

	10.1 项目介绍	211
	10.2 数据预处理与数据分析	212
	10.2.1 查看咖啡销售量排名	213
	10.2.2 观察咖啡销售量的分布情况	214
	10.3 数据可视化	218

第 1 章
Spark SQL概述

本章旨在让读者理解Spark SQL的产生和特点，以及与Spark SQL相关的数据容器。首先详细讲解什么是Spark SQL，以及Spark SQL的特点，然后介绍与Spark SQL相关的两种数据容器——DataFrame和DataSet，并阐述它们之间的关系以及差异。

本章主要知识点：

* Spark SQL简介
* Spark SQL的特点
* DataFrame、DataSet介绍
* Spark SQL与数据容器间的关系

1.1 Spark SQL简介

本节主要介绍什么是Spark SQL，以及Spark SQL的特点。

1.1.1 什么是 Spark SQL

Spark自诞生之后，越来越受到人们的喜爱，使用Spark的人也越来越多。突然有一天，一部分技术专家产生了一个大胆的想法：Hadoop上面有Hive，Hive能把SQL转换成MapReduce作业，这非常地方便，但Spark这么好用的系统却没有配备类似Hive这样的工具，要不我们也创造一个这样的工具吧！于是Shark被提了出来，它将SQL语句转换成RDD（Resilient Distributed Dataset，弹性分布式数据集）来执行。这就仿照了Hadoop生态圈，做出了一个Spark版本的"Hive"。有了Shark工具之后，人们也能愉快地使用SQL对数据进行查询分析了，这大大提高了程序的编写效率。Shark的架构示意图如图1-1所示。

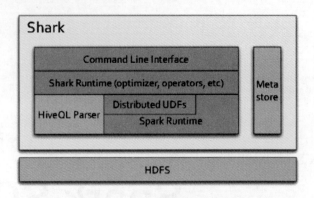

图1-1　Shark框架示意图

随着越来越多的人使用Shark以及其版本的不断更新，人们发现Shark具有一定的局限性。细心的读者会发现，在图1-1所示的Shark框架中，使用了HiveQL Parser这一模块。这样一来Shark对Hive有了依赖，导致在添加一些新的功能或者修改一些东西时特别不方便。这样Shark的发展就受到了严重的限制。

由于Shark具有这样的一些弊端，因此在2014年左右人们决定终止Shark这个项目，并将精力转移到Spark SQL的研发当中去。之后一个新的SQL引擎——Spark SQL就诞生了。

Spark SQL是用于结构化数据（Structured Data）处理的Spark模块。与基本的Spark RDD API不同，Spark SQL的抽象数据类型为Spark提供了关于数据结构和正在执行的计算的更多信息。在内部，Spark SQL使用这些额外的信息去做一些优化。

有多种方式可以与Spark SQL进行交互，比如SQL和Dataset API。当进行计算时，这些接口使用相同的执行引擎，不依赖正在使用哪种API或者语言。这种统一也就意味着开发者可以很容易地在不同的API之间进行切换，这些API提供了最自然的方式来表达给定的转换。

Hive是将Hive SQL转换成MapReduce，然后提交到集群上执行，虽然大大简化了编写MapReduce程序的复杂性，但MapReduce这种计算模型的执行效率比较低。而Spark SQL是将SQL语句转换成RDD，然后提交到集群上执行，执行效率非常高。

Spark SQL提供了以下两个编程抽象，类似Spark Core中的RDD。

- DataFrame。
- DataSet。

1.1.2　Spark SQL 的特点

Spark SQL具有以下特点：

1）Integrated（易于整合）

Spark SQL无缝地整合了SQL查询和Spark编程，如图1-2所示。

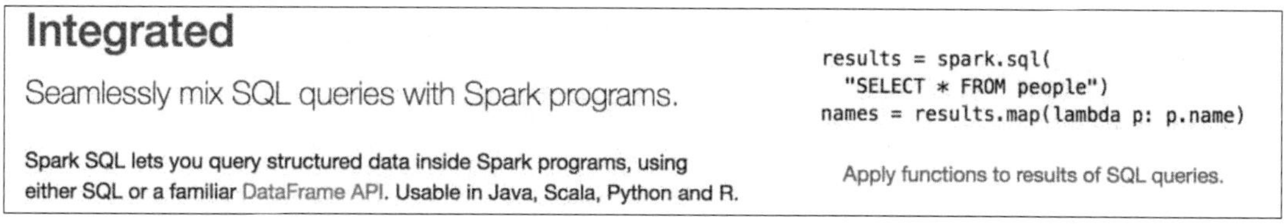

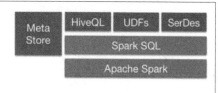

图 1-2　Spark SQL 的特点——Integrated

2）Uniform Data Access（统一的数据访问方式）

Spark SQL使用相同的方式连接不同的数据源，如图1-3所示。

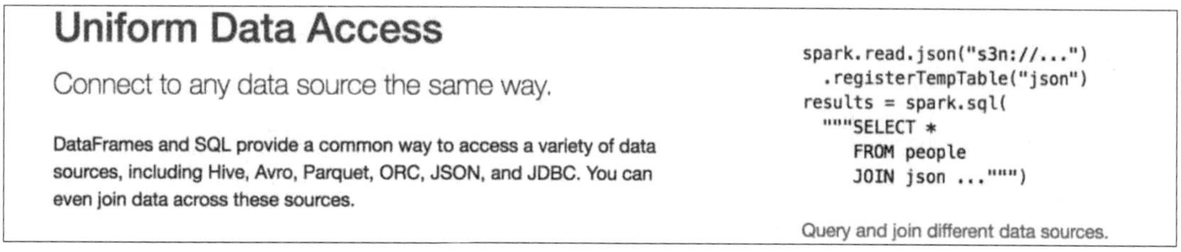

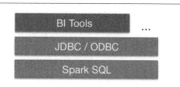

图 1-3　Spark SQL 的特点——Uniform Data Access

3）Hive Integration（集成 Hive）

Spark SQL在已有的仓库上直接运行SQL或者HiveQL，如图1-4所示。

图 1-4　Spark SQL 的特点——Hive Integration

4）Standard Connectivity（标准的连接方式）

Spark SQL通过JDBC或者ODBC来连接，如图1-5所示。

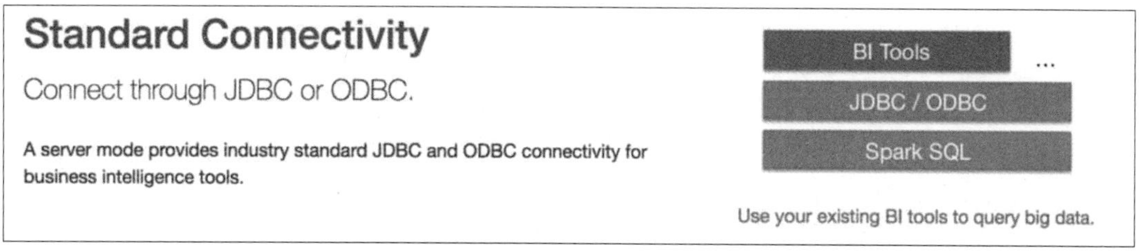

图 1-5　Spark SQL 的特点——Standard Connectivity

1.2 Spark数据容器

本节主要介绍Spark数据容器的相关内容，包括DataFrame与DataSet。

1.2.1 什么是 DataFrame

DataFrame与RDD类似，也是一个分布式数据容器。然而，DataFrame更像传统数据库的二维表格，除了数据以外，还记录数据的结构信息，即schema。

同时，DataFrame也与Hive类似，支持嵌套数据类型（struct、array和map）。

从API易用性的角度上看，DataFrame API提供的是一套高层的关系操作，比函数式的RDD API要更加友好，门槛更低。

DataFrame与RDD的区别如图1-6所示。

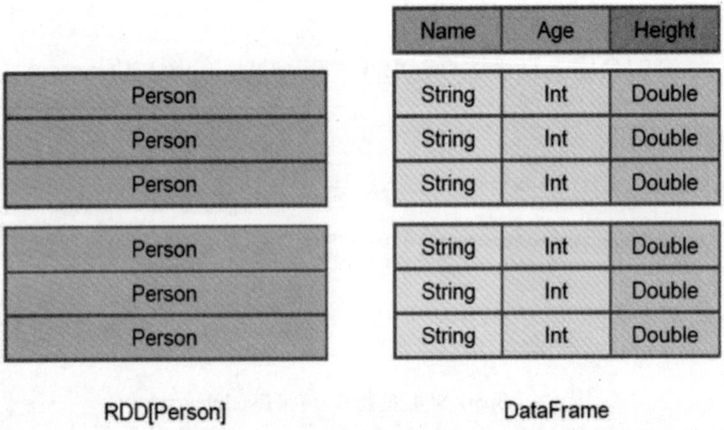
Name
Age
Height
Person
Person
Person
Person
Person
Person
String
Int
Double
String
Int
Double
String
Int
Double
String
Int
Double
String
Int
Double
String
Int
Double
RDD[Person]
DataFrame

图 1-6　DataFrame 与 RDD 的区别

图1-6左侧的RDD[Person]虽然以Person为类型参数，但Spark框架本身不了解Person类的内部结构；而右侧的DataFrame却提供了详细的结构信息，使得Spark SQL可以清楚地知道该数据集中包含哪些列，每列的名称和类型各是什么。

DataFrame为数据提供了schema视图，可以把它当作数据库中的一张表来对待。

DataFrame也是懒执行的，性能上比RDD要高，主要原因在于优化的执行计划——查询计划是通过Spark Catalyst Optimiser（Catalyst优化器，基于Scala的函数式编程结构设计的可扩展优化器）进行的。

下面以图1-7展示的人口数据分析为例，说明查询优化。

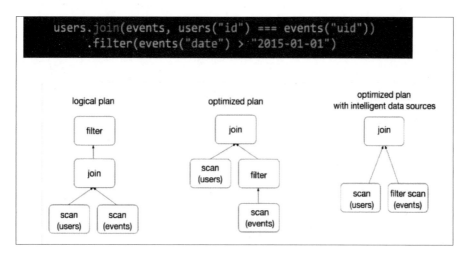

图1-7 人口数据分析

图1-7左侧构造了两个DataFrame，对它们执行join操作之后又执行了一次filter操作。如果原封不动地执行这个计划，最终的执行效率不是很高，因为join是一个代价较大的操作，可能会产生一个较大的数据集。如果我们能将filter下推到join下方，先对DataFrame进行过滤，再join过滤后的较小的结果集，便可以有效地缩短执行时间。Spark SQL的查询优化器正是这样做的。简而言之，逻辑查询计划优化就是一个利用基于关系代数的等价变换，将高成本操作替换为低成本操作的过程。

1.2.2 什么是DataSet

（1）DataSet是DataFrame API的一个扩展，也是Spark SQL最新的数据抽象（1.6版本新增）。

（2）用户友好的API风格，既具有类型安全检查，也具有DataFrame的查询优化特性。

（3）DataSet支持编解码器，当需要访问非堆上的数据时，可以避免反序列化整个对象，从而提高了效率。

（4）样例类被用来在DataSet中定义数据的结构信息，样例类中每个属性的名称直接映射到DataSet中的字段名称。

（5）DataFrame是DataSet的特例，DataFrame=DataSet[Row]，所以可以通过as方法将DataFrame转换为DataSet。Row是一个类型，跟Car、Person这些类型一样，所有的表结构信息都用Row来表示。

（6）DataSet是强类型的，比如可以有DataSet[Car]、DataSet[Person]等。

（7）DataFrame只是知道字段，但是不知道字段的类型，所以没办法在编译的时候检查字段类型是否正确。例如，对一个字符串进行减法操作，在执行的时候才会报错。而DataSet不仅知道字段，还知道字段类型，所以有更严格的错误检查。

1.2.3 Spark SQL 与 DataFrame

Spark SQL与DataFrame在Spark生态系统中都扮演着核心的角色,并且两者之间有着紧密的关系。要理解这种关系,首先需要明确每个组件的作用和特性。

Spark SQL是Spark中用于结构化数据处理的一个模块,它提供了一个叫作DataFrame编程抽象,并作为一个分布式SQL查询引擎。这个引擎使得数据分析人员可以方便地使用SQL语言来查询和分析数据,而无须关心底层的数据处理细节。DataFrame是Spark SQL中的一个核心概念,它是一个分布式的数据容器,与传统关系数据库中的表非常相似。DataFrame不仅包含了数据,还包含了数据的结构信息,也就是schema。这使得我们可以更加清晰地理解和处理数据。

Spark SQL主要由3部分组成:Catalyst优化器、Spark SQL内核和Hive支持。Catalyst优化器负责处理查询语句的整个分析过程,包括解析、绑定、优化和物理计划等。Spark SQL内核则负责处理数据的输入和输出,从不同的数据源获取数据,执行查询,并将查询结果输出成DataFrame。Hive支持则使得Spark SQL可以处理Hive中的数据。

在Spark SQL中,DataFrame是通过多种数据源构建的,包括结构化的数据文件、Hive中的表、外部的关系数据库以及RDD。这意味着我们可以从各种来源获取数据,并将它们转换成DataFrame格式,然后使用Spark SQL进行查询和分析。

总之,Spark SQL与DataFrame之间的关系是紧密相连的。Spark SQL提供了一个分布式SQL查询引擎,而DataFrame则是这个引擎的核心数据容器。通过DataFrame,我们可以方便地进行数据查询和分析,而无须关心底层的数据处理细节。这种关系使得Spark SQL成为一个强大而灵活的大数据处理工具。

1.2.4 DataFrame 与 RDD 的差异

DataFrame与RDD在Spark中各自扮演不同的角色,并有着显著的区别。它们之间主要的差异阐述如下。

1)数据结构

RDD是Spark中的基本数据结构,是一个不可变的分布式对象集合。虽然RDD可以封装各种类型的数据,但它并不了解数据的内部结构。例如,对于一个RDD[Person],Spark并不知道Person类的内部结构。

DataFrame是RDD的一个更高级别的抽象,它基于RDD,但提供了详细的结构信息,即schema。DataFrame是一个分布式的Row对象的集合,每行数据都带有明确的列名和类型信息。这使得Spark SQL可以清楚地知道数据集中包含哪些列,以及每列的名称和类型。

2）数据操作

RDD的转换操作采用惰性机制，这意味着它们只是记录了逻辑转换路线图（DAG图），而不会立即进行计算。只有在执行动作操作时，才会触发真正的计算。

与RDD类似，DataFrame的转换操作也是惰性的，只是记录了转换的逻辑。但DataFrame提供了比RDD更丰富的算子，包括过滤、选择、连接等，使其更适合结构化数据的处理。

3）优化与效率

RDD API是函数式的，强调不变性。这种设计虽然带来了干净整洁的API，但在某些情况下可能导致大量临时对象的创建，从而对垃圾回收（GC）造成压力。

通过提供数据的结构信息，DataFrame能够执行更高效的查询优化，如filter下推、裁剪等。这不仅可以减少数据的读取，还可以优化执行计划，从而提高查询的执行效率。

4）用途与场景

RDD是整个Spark平台的存储、计算以及任务调度的逻辑基础，具有通用性，适用于各类数据源。

DataFrame主要针对结构化数据源，因此在读取和处理具有明确结构的数据集时，它更加适用。

总之，DataFrame与RDD的主要区别在于数据结构、数据操作、优化与效率以及用途与场景。DataFrame通过提供数据的结构信息，使得Spark能够执行更高效的查询和优化，特别适用于结构化数据的处理；而RDD则提供了更通用的数据抽象，适用于各种数据源和场景。

第 2 章
Spark概述及环境搭建

本章主要介绍Spark的基础、Linux环境搭建、Hadoop完全分布式环境搭建、Spark四种不同运行模式的安装和配置、Spark的任务提交方式等内容。读者通过学习本章内容，可以对Spark框架及其环境搭建等相关知识有较为全面的掌握。

本章主要知识点：

* Spark概述
* Spark的安装与配置
* Spark的提交任务

2.1 Spark概述

本节主要介绍Spark框架背景及其基本概念。

2.1.1 关于Spark

Spark是加州大学伯克利分校的AMP实验室（Algorithms Machines and People Lab）开源的类Hadoop MapReduce的通用并行框架，拥有Hadoop MapReduce所具有的优点。但它不同于MapReduce的是，其job（作业）中间输出的结果可以保存在内存中，从而不再需要读写HDFS。因此，Spark能更好地适用于数据挖掘与机器学习等需要迭代的MapReduce的算法。

Spark是一种与Hadoop相似的开源集群计算环境，但是两者之间存在一些不同之处，这些不同之处使Spark在处理某些工作负载方面表现得更加优越。换句话说，Spark启用了内存分布数据集，除了能够提供交互式查询外，还可以优化迭代工作负载。

Spark是使用Scala语言实现的,它将Scala用作应用程序框架。因此,Spark和Scala能够紧密集成,Scala可以像操作本地集合对象一样轻松地操作分布式数据集。

尽管创建Spark是为了支持分布式数据集上的迭代作业,但实际上它是对Hadoop的补充,可以在Hadoop文件系统中并行运行。通过名为Mesos的第三方集群框架可以支持此行为。Spark可以用来构建大型的、低延迟的数据分析应用程序。

2.1.2 Spark 的基本概念

1. Spark特性

Spark具有以下特性:

- 高可伸缩性。Spark能够高效地处理从单一服务器到数千个节点的大规模集群上的数据。它的设计允许在多种集群管理器上运行,如Hadoop YARN、Apache Mesos或Kubernetes,并且能够灵活地扩展资源以满足不同的数据处理需求。
- 高容错。Spark采用基于数据分片的容错机制,如数据复制和RDDs的不可变特性,确保了在节点故障时数据的完整性和计算任务的可靠性。
- 内存计算。Spark的独特优势之一是其内存计算能力。通过将数据缓存到内存中,Spark能够实现比传统基于磁盘的系统更快的处理速度。这种内存计算特性显著提高了迭代算法和交互式数据查询的性能。

这些特性使得Spark成为处理大规模数据集和实现复杂数据分析任务的理想选择。

2. Spark的生态体系

Spark属于BDAS(伯利克分析栈)生态体系。

- MapReduce属于Hadoop生态体系之一,Spark则属于BDAS生态体系之一。
- Hadoop包含了MapReduce、HDFS、HBase、Hive、ZooKeeper、Pig、Sqoop等。
- BDAS包含了Spark GraphX、Spark SQL(相当于Hive)、Spark MLlib、Spark Streaming(消息实时处理框架,类似Storm)、BlinkDB等。

BDAS生态体系如图2-1所示。

3. Spark与MapReduce

相对于MapReduce,Spark具有以下优势:

- MapReduce通常将中间结果存放到HDFS上;Spark则是基于内存并行大数据框架,中间结果存放到内存。对于迭代数据而言,Spark的效率更高。
- MapReduce总是消耗大量时间排序,而有些场景不需要排序;Spark则可以避免不必要的排序所带来的开销。

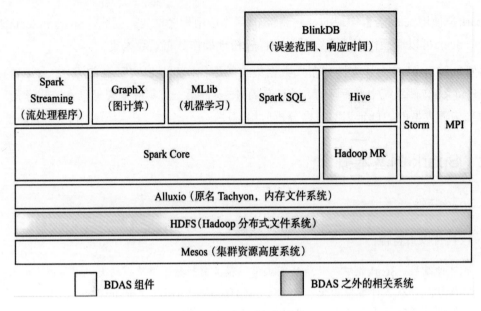

图2-1 BDAS生态体系

- Spark是一张有向无环图（从一个点出发最终无法回到该点的一个拓扑），并对有向无环图对应的流程进行优化。

Spark为什么比MapReduce快？简单地说，有以下3点原因：

（1）Spark基于内存计算，减少了低效的磁盘交互。

（2）Spark使用基于DAG（Directed Acyclic Graph，有向无环图）的高效调度算法。

（3）Spark具有容错机制Linage（血统）。

4. Spark支持的API

Spark支持的API包括Scala、SQL、Python、Java、R等。

5. Spark的运行模式

Spark有以下5种运行模式，其中Local是单机模式，其他4种都是集群模式。

- Local：Spark运行在本地模式上，用于测试、开发。本地模式就是使用一个独立的进程，通过其内部的多个线程来模拟整个Spark运行时环境。
- Standalone：Spark运行在独立集群模式上。Spark中的各个角色以独立进程的形式存在，并组成Spark集群环境。
- Hadoop YARN：Spark运行在YARN上。Spark中的各个角色运行在YARN的容器内部，并组成Spark集群环境。
- Apache Mesos：Spark中的各个角色运行在Apache Mesos上，并组成Spark集群环境。
- Kubernetes：Spark中的各个角色运行在Kubernetes的容器内部，并组成Spark集群环境。

2.1.3 Spark 集群相关知识

本节简单讲解一下Spark集群的相关知识。

1. Spark集群的组件

Spark应用程序（application）在集群上作为独立的进程集运行，由驱动程序（driver program，又称为主程序）中的SparkContext对象进行协调。具体来说，Spark应用程序要在集群上运行，SparkContext可以连接到几种类型的集群管理器（cluster manager，包括Spark自己的独立集群管理器、Mesos、YARN或Kubernetes），这些集群管理器在应用程序之间分配资源；连接后，Spark会获取集群中工作节点（worker node）上的执行器（executor），这些节点是为应用程序运行计算和存储数据的进程；接下来，它将应用程序代码（由传递给SparkContext的JAR或Python文件定义）发送给执行器；最后，SparkContext将任务发送给执行器来运行，如图2-2所示。

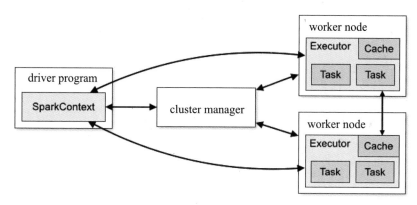

图 2-2　Spark 执行步骤

驱动程序启动多个工作节点，这些工作节点从文件系统加载数据并产生RDD（即将数据存放到RDD中，RDD是一个数据结构），再按照不同分区缓存到内存中。

这个集群架构中有几个要点需要注意：

（1）每个应用程序都有自己的执行器进程，这些进程在整个应用程序期间保持运行，并在多个线程中运行任务。这样做的好处是在调度端（每个驱动程序调度自己的任务）和执行器端（来自不同应用程序的任务在不同JVM中运行）将应用程序彼此隔离。然而，这也意味着，如果不将数据写入外部存储系统，就无法在不同的Spark应用程序（SparkContext实例）之间共享数据。

（2）Spark对底层集群管理器是不可知的。只要它可以获取执行器进程，并且这些进程相互通信，那么就可以在其他应用程序（例如Mesos/YARN/Kubernetes）的集群管理器上运行。

（3）驱动程序必须在其整个生命周期中监听并接收来自执行程序的传入连接（例如，网络配置部分中的spark.driver.port）。因此，驱动程序必须是可从工作节点进行网络寻址的。

（4）因为驱动程序在集群上调度任务，所以它应该在工作节点附近运行，最好在同一局域网上运行。如果想远程向集群发送请求，最好打开一个RPC（remote procedure call，远程进程调度）到驱动程序，让它从附近节点提交操作（指transformation和action），而不是在远离工作节点的地方运行驱动程序。

2. 集群管理器类型

Spark当前支持以下几种集群管理器：

- **Standalone**：Spark附带的一个简单的集群管理器，可以轻松地设置集群。
- **Apache Mesos**：一个通用的集群管理器，也可以运行Hadoop MapReduce和服务应用程序。（已弃用）
- **Hadoop YARN**：Hadoop 2和Hadoop 3中的资源管理器。
- **Kubernetes**：一个用于自动化和容器化应用程序的部署、扩展和管理的开源系统。

3. 作业安排

Spark可以控制应用程序之间（在集群管理器级别）和应用程序内部（如果在同一SparkContext上进行多个计算）的资源分配。

4. Spark集群常用术语

Spark集群的常用术语如表2-1所示。

表2-1 Spark 集群常用术语

术 语	含 义
application	基于 Spark 的用户程序，包含一个驱动程序和集群中的多个执行器
application jar	一个包含用户 Spark 应用程序的 JAR 包。在某些情况下，用户会希望创建一个"uber jar"，其中包含它们的应用程序及其依赖项。用户的 JAR 永远不应该包括 Hadoop 或 Spark 库，但是这些库需要在 JAR 包运行时添加上
driver program	驱动程序，运行 application 的 main()函数并创建 SparkContext 的进程
cluster manager	集群管理器，在集群上获取资源的外部服务，例如 Standalone、Mesos 或 YARN、Kubernetes 等集群管理系统
deploy mode	部署模式，区分驱动程序进程运行的位置。在"集群"模式下，框架在集群内部启动驱动程序；在"客户端"模式下，提交者在集群之外启动驱动程序
worker node	工作节点，集群中运行 application 的任何节点
executor	执行器，是为某 application 运行在 worker node 上的一个进程，该进程负责运行 task，并且负责将数据存储在内存或者磁盘上，每个 application 都有各自独立的 executor
task	任务，被送到一个 executor 上的工作单元

(续表)

术语	含义
job	作业，由多个任务组成的并行计算，这些任务是响应 Spark 操作（例如保存、收集）而派生的；会在驱动程序日志中看到这个 job
stage	阶段，每个作业被划分为更小的任务集，称为相互依赖的阶段（类似于 MapReduce 中的 map 和 reduce 阶段）；会在驱动程序日志中看到这个 stage

5. RDD

RDD英文名为Resilient Distributed Dataset，中文名为弹性分布式数据集。

什么是RDD？RDD是一个只读、分区记录的集合，可以把它理解为一个存储数据的数据结构。也就是说，RDD是Spark对数据的核心抽象，其实就是分布式的元素集合。在Spark中，对数据的所有操作不外乎创建RDD、转化已有RDD以及调用RDD操作进行求值。而在这一切操作背后，Spark会自动将RDD中的数据分发到集群上，并将操作并行化执行。在Spark中的一切操作都是基于RDD的。

RDD可以通过以下3种方式创建：

- 集合转换。
- 从文件系统（本地文件、HDFS、HBase）输入。
- 从父RDD转换（为什么需要父RDD呢？为了容错）。

RDD的计算类型有以下两种：

- transformation：延迟执行。一个RDD通过该操作产生新的RDD时不会立即执行，只有等到action操作才会真正执行。
- action：提交Spark作业。当执行action时，transformation类型的操作才会真正执行计算操作，然后产生最终结果并输出。

Hadoop提供的处理数据的接口有Map和Reduce，而Spark提供的不仅有Map和Reduce，还有更多别的数据处理接口。Spark算子包括转换算子和行动算子，这部分内容将在3.4节集中讨论。

6. 容错

每个RDD都会记录自己所依赖的父RDD，一旦出现某个RDD的某些分区（partition）丢失，就可以通过并行计算迅速恢复，这就是容错。

RDD的依赖又分为窄依赖（narrow dependent）和宽依赖（wide dependent）。

（1）窄依赖：每个分区最多只能给一个RDD使用。由于没有多重依赖，因此在一个节点上可以一次性将分区处理完，并且一旦数据发生丢失或者损坏，可以迅速从上一个RDD恢复。

（2）宽依赖：每个分区可以给多个RDD使用。由于有多重依赖，因此只有等到所有到达节点的数据处理完毕才能进行下一步处理，一旦发生数据丢失或者损坏，需要从所有父RDD重新计算。相对窄依赖而言，宽依赖付出的代价更高。因此，在发生数据丢失或损坏之前，必须对上一次所有节点的数据进行物化（存储到磁盘上）处理，以便恢复，同时也应尽量减少宽依赖的使用。

RDD的宽依赖和窄依赖如图2-3所示。

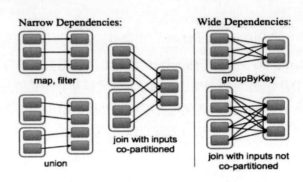

图2-3　RDD的宽依赖和窄依赖

7. 缓存策略

Spark提供了多种缓存策略，通过配置不同的参数组合实现。这些策略主要用于控制RDD数据的存储方式，以优化性能和资源使用。Spark的缓存策略由以下5个参数控制：

- useDisk：是否使用磁盘缓存。
- useMemory：是否使用内存缓存。
- useOffHeap：是否使用Java的堆外内存。
- deserialized：数据是否以反序列化的形式存储（序列化是为了方便数据在网络中以对象的形式进行传输）。
- replication：数据的副本数量。

Spark通过这5个参数组成11种缓存策略。

（1）DISK_ONLY：仅使用磁盘存储。

参数：_useDisk, _useMemory, _useOffHeap, _deserialized, _replication（默认值为1）。

（2）DISK_ONLY_2：使用磁盘存储，并进行2次数据副本复制。

参数：_useDisk, _useMemory, _useOffHeap, _deserialized, _replication（默认值为1）。

（3）MEMORY_ONLY：仅使用内存存储（默认策略）。

参数：_useDisk, _useMemory, _useOffHeap, _deserialized, _replication（默认值为1）。

（4）MEMORY_ONLY_2：使用内存存储，并进行2次数据副本复制。

参数：_useDisk, _useMemory, _useOffHeap, _deserialized, _replication（默认值为1）。

（5）MEMORY_ONLY_SER：使用内存存储，数据为序列化的形式，这可能会消耗更多的CPU资源。

参数：_useDisk, _useMemory, _useOffHeap, _deserialized, _replication（默认值为1）。

（6）MEMORY_ONLY_SER_2：结合MEMORY_ONLY_SER和2次数据副本复制。

参数：_useDisk, _useMemory, _useOffHeap, _deserialized, _replication（默认值为1）。

（7）MEMORY_AND_DISK：使用内存和磁盘存储，如果内存不足以存储所有数据，多余的部分将存储在本地磁盘上。

参数：_useDisk, _useMemory, _useOffHeap, _deserialized, _replication（默认值为1）。

（8）MEMORY_AND_DISK_2：结合MEMORY_AND_DISK和2次数据副本复制。

参数：_useDisk, _useMemory, _useOffHeap, _deserialized, _replication（默认值为1）。

（9）MEMORY_AND_DISK_SER：使用内存和磁盘存储，数据为序列化形式。

参数：_useDisk, _useMemory, _useOffHeap, _deserialized, _replication（默认值为1）。

（10）MEMORY_AND_DISK_SER_2：结合MEMORY_AND_DISK_SER和2次数据副本复制。

参数：_useDisk, _useMemory, _useOffHeap, _deserialized, _replication（默认值为1）。

（11）OFF_HEAP：使用堆外内存存储，不使用JVM堆内存，例如可以使用Tachyon作为堆外存储。

参数：_useDisk, _useMemory, _useOffHeap, _deserialized, _replication（默认值为1）、NONE。

NONE表示不需要缓存。

缓存策略通过StorageLevel类的构造传参的方式进行控制，结构如下：

```
class StorageLevel private(useDisk : Boolean ,useMemory : Boolean ,deserialized : Boolean ,replication: Ini)
```

8. 任务提交方式

Spark集群任务提交方式有3种：

- spark-submit（官方推荐）。
- sbt run。
- java -jar。

任务提交时可以指定各种参数，例如：

```
./bin/spark-submit
-- class <main- class >
--master <master-url>
--deploy-mode <deploy-mode>
--conf <key> = <value>
... # 其他选项
<application-jar>
[application-arguments]
```

spark-submit提交方式如下：

```
# 在本地模式下使用8个核心运行应用程序
 ./bin/spark-submit \
--class org.apache.spark.examples.SparkPi \
--master local[8]\
/path/to/examples.jar \
100
# 在客户端部署模式下运行Spark独立集群
./bin/spark-submit \
--class org.apache.spark.examples.SparkPi \
--master spark://207.184.161.138:7077
 --executor-memory 20G \
--total-executor-cores 100 \
/path/to/examples.jar \
1000
```

9. 监控

每个驱动程序都有一个Web UI，通常位于端口4040上，用于显示有关正在运行的任务、执行器和存储使用情况的信息。在Web浏览器中访问http://<driver node>:4040即可访问此UI。

2.2 Linux环境搭建

本节介绍如何搭建 Linux 环境。

2.2.1 VirtualBox 虚拟机的安装

本书将VirtualBox作为虚拟环境来安装Linux和Hadoop。VirtualBox最早由SUN公司开发。由于SUN公司目前已经被Oracle收购，因此可以在Oracle公司的官方网站上下载VirtualBox软件的安装程序，产品地址为https://www.virtualbox.org。笔者写作本书时，所使用的VirtualBox的版本为7.0.6，读者可以选用更高的版本。

首先，到VirtualBox的官方网站下载Windows hosts版本的VirtualBox。下载页面地址为https://www.virtualbox.org/wiki/Downloads，页面如图2-4所示。

同时，VirtualBox需要虚拟化CPU的支持，如果在安装时操作系统不支持x64位的CentOS，可以在宿主机开机时按F12键进入BIOS设置界面，并打开CPU的虚拟化设置界面进行设置，如图2-5所示。

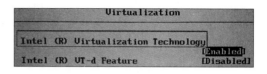

图 2-4　VirtualBox 下载　　　　　　　　图 2-5　CPU 的虚拟化设置

读者下载完成VirtualBox虚拟机后，自行安装即可。虚拟机的安装相对简单，以下是重要安装环节的截图。

网络功能的安装界面如图2-6所示，单击"是"按钮。

图 2-6　网络功能安装

网络功能下一步的安装界面如图2-7所示，单击"安装"按钮。

图 2-7　网络功能安装

网络功能安装成功后，会在"网络连接"里面多出一个名为Virtual Box Host Only的本地网卡，此网卡用于宿主机与虚拟机通信，如图2-8所示。

图 2-8　本地虚拟网卡

2.2.2　安装 Linux 操作系统

本书将使用CentOS7作为操作系统环境来学习和安装Hadoop与Spark。具体步骤如下：

步骤01　首先下载CentOS7的minimal（最小）版本，读者可以直接到阿里镜像网站 https://mirrors.aliyun.com/centos/7.9.2009/isos/x86_64/下载，页面如图2-11所示。

文件名	大小	日期
CentOS-7-x86_64-Everything-2009.iso	9.5 GB	2020-11-02 23:18
CentOS-7-x86_64-Everything-2009.torrent	380.6 KB	2020-11-06 22:44
CentOS-7-x86_64-Everything-2207-02.iso	9.6 GB	2022-07-27 02:09
CentOS-7-x86_64-Minimal-2009.iso	973.0 MB	2020-11-03 22:55
CentOS-7-x86_64-Minimal-2009.torrent	38.6 KB	2020-11-06 22:44
CentOS-7-x86_64-Minimal-2207-02.iso	988.0 MB	2022-07-26 23:10

图 2-11　CentOS7 下载链接

下载完成以后，将得到一个CentOS-7-x86_64_Minimal-2009.iso文件。注意，文件名中的2009不是指2009年，而是指2020年09月发布的版本。

步骤02　启动VirtualBox，启动界面如图2-10所示。

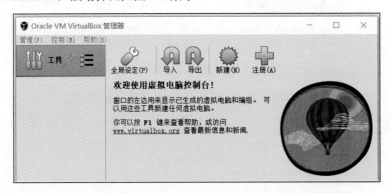

图 2-10　VirtualBox 启动界面

步骤03　在VirtualBox主界面的菜单栏上单击"新建"按钮（见图2-10），进入"新建虚拟电脑"窗口。

步骤04　在Virtual machine Name and Operating System（虚拟机名称和操作系统）界面设置虚拟机的名称、Folder（保持为默认值）和操作系统镜像，如图2-11所示。然后单击"Next"按钮。

第 2 章　Spark 概述及环境搭建 | 19

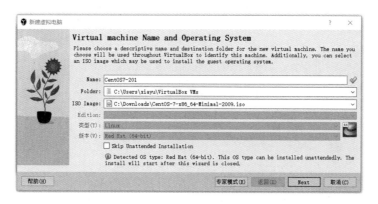

图 2-11　选择将要安装的操作系统

步骤 05 在 Hardware 界面为新的系统分配内存，建议 4GB（最少 2GB）或以上，这要根据宿主机的内存而定。同时建议设置 CPU 为 2 颗，如图 2-12 所示。然后单击"Next"按钮。

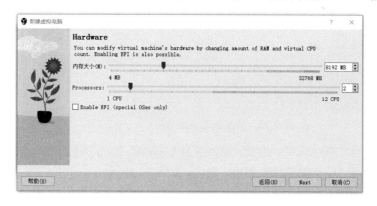

图 2-12　为新的系统分配内存

步骤 06 在 Virtual Hard disk 界面为新的系统创建虚拟硬盘，设置为动态增加，建议最大设置为 30GB 或以上，如图 2-13 所示。同时选择虚拟文件的保存目录，默认情况下，会将虚拟文件保存到 C 盘上。笔者以为最好保存到非系统盘上，例如 D:\OS 目录是一个不错的选择。

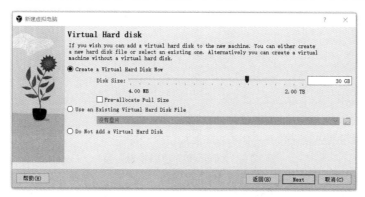

图 2-13　为新的系统创建虚拟硬盘

步骤 07 单击"Next"按钮，进入"摘要"界面，如图 2-14 所示。在界面上单击"Finish"按钮，关闭"新建虚拟电脑"窗口，回到 VirtualBox 主窗口，窗口左侧栏已经显示新建的虚拟机

CentOS7-201,如图2-15所示。

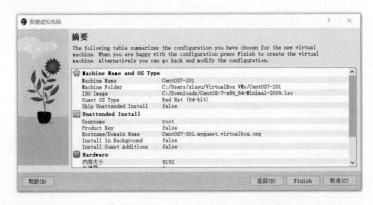

图 2-14 "摘要"界面

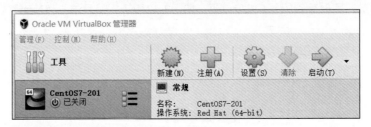

图 2-15 显示新建的虚拟机 CentOS7-201

步骤08 在图2-15所示的VirtualBox主窗口左侧选中CentOS7-201虚拟机,并单击右上方的"设置"按钮,打开"CentOS7-201 -设置"窗口,如图2-16所示。

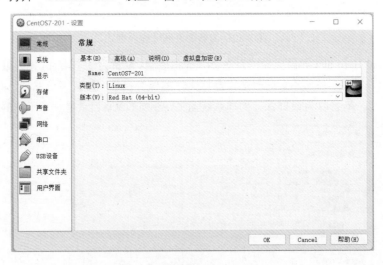

图 2-16 "CentOS7-201 -设置"窗口

在"CentOS7-201 -设置"窗口左侧选择"网络",右侧会显示"网络"设置界面,将网卡1的连接方式设置为NAT,用于连接外网,如图2-17所示;将网卡2的连接方式设置为Host-Only,用于与宿主机进行通信,如图2-18所示。如果没有网卡2,需要关闭Linux虚拟机,在这个设置界面上对网卡2进行"启用网络链接"设置,并选择连接方式为"仅主机(Host-Only)

网络"。

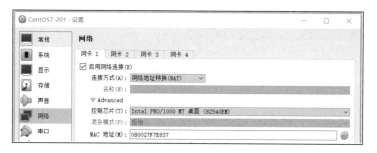

图 2-17　网卡 1 的设置

图 2-18　网卡 2 的设置

步骤 09 现在启动这个虚拟机，进入安装CentOS7的界面，选择Install CentOS Linux 7，接下来就开始安装CentOS Linux了，如图2-19所示。

图 2-19　安装 CentOS7 的界面

步骤 10 在安装过程中会出现选择语言项目，可以选择"中文"；选择安装介质，并进入安装位置，选择整个磁盘即可，如图2-20和图2-21所示。注意，必须同时打开CentOS的网络，如图2-22和图2-23所示，否则安装成功以后，CentOS将没有网卡设置的选项。

图 2-20　安装位置　　　　图 2-21　本地标准磁盘　　　　图 2-22　打开 CentOS 的网络 1

图 2-23　打开 CentOS 的网络 2

步骤 ⑪ 在安装过程中，创建一个非root用户，并将此用户作为管理员，如图2-24和图2-25所示。在其后的操作中，笔者不建议使用root账户进行具体的操作。一般情况下，使用这个非root用户执行sudo命令，即可使用root账户执行相关命令。输入的密码请牢记。

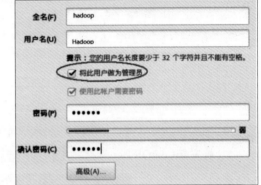

图 2-24　创建非 root 用户　　　　　　图 2-25　设置非 root 用户为管理员

步骤 ⑫ 在安装完成以后，重新启动系统，并测试是否可以使用之前创建的用户名和密码登录。第一次安装完成后，请选择正常启动，即以有界面的方式启动，如图2-26所示。等我们设置好一些信息后，就可以选择无界面启动。

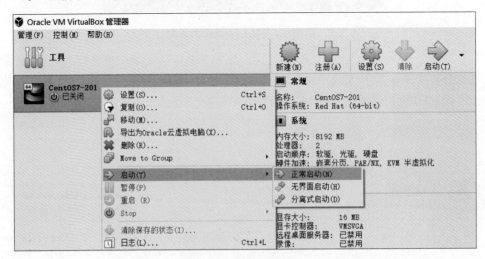

图 2-26　选择正常启动

步骤 13 系统启动后,将显示如图2-27所示的登录界面,此时可以选择以root用户名和密码登录。注意,输入密码时,将不会有任何的响应,不用担心,只要确认输入正确,按回车键后即可看到登录成功后的界面,如图2-28所示。

图 2-27　登录界面　　　　　　　　图 2-28　登录成功后的界面

对于Linux系统来说,如果当前登录用户是root,将会显示"#"。例如在图2-28中,root用户登录成功后显示"[root@server201 ~]#",其中#表示当前为root用户。如果当前登录用户是非root账号,将显示为"$"。

步骤 14 设置静态IP地址。使用vim修改/etc/sysconfig/network-scripts/ifcfg-enp0s8文件,修改内容如下:

```
TYPE=Ethernet
PROXY_METHOD=none
BROWSER_ONLY=no
BOOTPROTO=static
DEFROUTE=yes
IPV4_FAILURE_FATAL=no
IPV6INIT=yes
IPV6_AUTOCONF=yes
IPV6_DEFROUTE=yes
IPV6_FAILURE_FATAL=no
IPV6_ADDR_GEN_MODE=stable-privacy
NAME=enp0s8
UUID=620377da-1744-4268-b6d6-a519d27e01c6
DEVICE=enp0s8
ONBOOT=yes
IPADDR=192.168.56.201
```

其中IPADDR=192.168.56.201为本Linux的Host-Only网卡地址,用于主机通信。输出完成以后,按ESC键,再输入":wq"即可保存并退出。这是vim的基本操作,对此不了解的读者,可以去网上查看vim的基本使用方法。

请牢记上面设置的IP地址,这个地址在后面会经常出现。现在可以关闭系统,并以非界面方式重新启动CentOS。以后我们将使用SSH客户端登录此CentOS。

上述ifcfg-enp0s8文件是在配置了Host-Only网卡的情况下才会存在。如果没有这个文件,请关闭Linux,并重新添加Host-Only网卡,再行配置。如果添加了Host-Only网卡后,依然没有此文件,可以在相同目录下复制ifcfg-enp0s3为ifcfg-enp0s8,再进行配置。

步骤15 现在关闭CentOS，然后以无界面方式启动，如图2-29所示。

图 2-29 以无界面方式启动

> 注意
>
> （1）本书重点不是讲VirtualBox虚拟机的使用，所以这里只给出关键的操作步骤。
> （2）在安装过程中，鼠标会在虚拟机和宿主机之间切换。如果要从虚拟机中退出鼠标，按键盘右边的Ctrl键即可。
> （3）登录Linux系统后，随手执行命令"yum -y install vim"装上vim，方便使用。
> （4）关于Linux命令，请读者自行参考Linux手册。vim/vi、sudo、ls、cp、mv、tar、chmod、chown、scp、ssh-keygen、ssh-copy-id、cat、mkdir等命令，将是后面经常使用的命令。

2.2.3 SSH工具与使用

Linux安装成功后，系统自动运行SSH服务。读者可以选择Xshell、CRT、MobaXterm等客户端作为Linux远程命令行执行工具，同时配合xFtp可以实现文件的上传与下载。Xshell和CRT是收费软件，不过读者可以在安装时选择free for school（学校免费版本），即可免费使用。

MobaXterm个人版是免费的，本书选用它作为远程命令行执行、文件上传与下载以及配置文件编辑的工具。到官网下载MobaXterm并安装完成以后，配置一下SSH即可登录Linux系统。配置很简单，在MobaXterm主界面上单击左上方的Session按钮，即可创建SSH连接，如图2-30所示。

图 2-30 创建新的连接

单击Session按钮后，出现如图2-31所示的窗口。在窗口上单击SSH按钮，在相应的文本框中输入主机名称和登录用户名，再单击窗口下方的OK按钮。

图 2-31　输入主机名称并登录

这时会打开 Linux 交互界面，提示输入 root 密码，如图 2-32 所示。输入密码不会有任何的回显，只要输入正确，按回车键即可登录。

图 2-32　输入密码

root 用户登录成功以后的界面如图 2-33 所示，用户可以通过这个界面操作 Linux 系统。

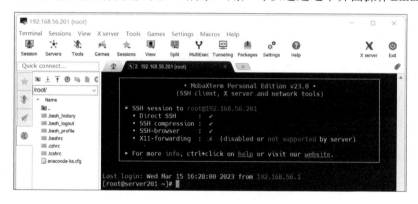

图 2-33　SSH 登录成功

提示　使用 MobaXterm 工具连接 CentOS 虚拟机，就不需要在虚拟机和宿主机之间来回切换。另外，还可以发起好几个访问 CentOS 虚拟机的连接，学习起来非常方便。

还可以配置 SFTP 连接，方便将本地下载的 Linux 软件包上传到 Linux 系统进行安装配置，Linux 系统上的配置文件也可以在本地编辑好后自动上传。SFTP 登录界面如图 2-34 所示。

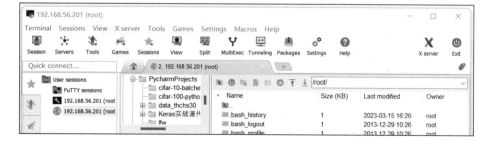

图 2-34　MobaXterm 登录后界面

2.2.4 Linux 的统一设置

后面配置Hadoop环境时将使用一些Linux的统一设置，在此一并列出。由于本次登录是用root登录的（见图2-33），因此可以直接操作某些命令，而不用添加sudo命令。

1. 配置主机名称

笔者习惯将"server+IP最后一部分数字"作为主机名称，所以取主机名为server201，因为本主机设置的IP地址是192.168.56.201。

```
# hostnamectl set-hostname server201
```

2. 修改hosts文件

在hosts文件的最后，添加以下配置（这可通过vim /etc/hosts命令进行修改）：

```
192.168.56.201    server201
```

3. 关闭且禁用防火墙

```
# systemctl stop firewalld
# systemctl disable firewalld
```

4. 禁用SElinux，需要重新启动

```
#vim /etc/selinux/config
SELINUX=disabled
```

5. 设置时间同步（可选）

```
#vim /etc/chrony.conf
```

删除所有的server配置，只添加：

```
server ntp1.aliyun.com iburst
```

重新启动chronyd：

```
#systemctl restart chronyd
```

查看状态：

```
#chronyc sources -v
^* 120.25.115.20
```

如果结果显示"*"，则表示时间同步成功。

6. 在/usr/java目录下安装JDK1.8

usr目录的意思是unix system resource目录，可以将JDK1.8的Linux x64版本安装到此目录下。首先去Oracle网站下载JDK1.8的Linux压缩包版本，页面如图2-37所示。

| x64 Compressed Archive | 141.49 MB | jdk-8u431-linux-x64.tar.gz |

图 2-37　JDK 下载（目前能下载到的新版本）

然后将压缩包上传到Linux并解压（作者使用jdk-8u361版本做演示）：

```
# mkdir /usr/java
# tar -zxvf jdk-8u361-linux-x64.tar.gz -C /usr/java/
```

7. 配置JAVA_HOME环境变量

```
# vim /etc/profile
```

在profile文件最后添加以下配置：

```
export JAVA_HOME=/usr/java/jdk1.8.0_361
export PATH=.:$PATH:$JAVA_HOME/bin
```

让环境变量生效：

```
# source /etc/profile
```

检查Java版本：

```
[root@localhost bin]# java -version
java version "1.8.0_361"
Java(TM) SE Runtime Environment (build 1.8.0_361-b09)
Java HotSpot(TM) 64-Bit Server VM (build 25.361-b09, mixed mode)
```

到此，基本的Linux运行环境就已经配置完成了。

> 提示　在VirtualBox虚拟机中，可以通过复制的方式，为本小节已经做了统一设置的CentOS镜像文件创建副本，用于备份或者搭建集群。

8. 为hadoop账户创建统一的工作空间/app

接下来创建一个工作目录/app，方便我们以hadoop账户安装、配置与运行Spark相关程序。

在磁盘根目录（/）下，创建一个app目录，并授权给hadoop用户。我们会将Spark以及其他相关的软件安装到此目录下。

以root账户切换到根目录下：

```
[hadoop@server201 ~]# cd /
```

添加sudo前缀，使用mkdir创建/app目录：

```
[hadoop@server201 /]# sudo mkdir /app
[sudo] hadoop 的密码：
```

将此目录的所有权授予hadoop用户和hadoop组：

```
[hadoop@server201 /]# sudo chown hadoop:hadoop /app
```

su hadoop账户，切换进入/app目录：

```
[hadoop@server201 /]$ cd /app/
```

使用ll -d命令查看本目录的详细信息：

```
[hadoop@server201 app]$ ll -d
drwxr-xr-x 2 hadoop hadoop 6 3月  9 21:35 .
```

可见此目录已经属于hadoop用户。

2.3 Hadoop完全分布式环境搭建

由于Spark在将Yarn作为集群管理器时会用到Hadoop，因此在安装Spark之前，先要把Hadoop完全分布式（集群）环境搭建起来。在Hadoop的集群中，有一个NameNode，一个ResourceManager；在高可靠的集群环境中，可以拥有两个NameNode和两个ResourceManager；在Hadoop3以后，同一个NameService可以拥有3个NameNode。由于NameNode和ResourceManager是两个主要的服务，因此建议将它们部署到不同的服务器上。

下面以3台服务器为例，来快速搭建Hadoop的完全分布式环境，这对深入了解后面要讲解的Spark集群运行的基本原理非常有用。

> **注意** 可以利用虚拟机软件VirtualBox复制出来的CentOS镜像文件，快速搭建3个CentOS虚拟主机来做集群。

完整的集群主机配置如表2-2所示。

表 2-2　集群主机配置表

IP/主机名	虚 拟 机	进 程	软 件
192.168.56.101/server101	CentOS7-101 8GB 内存，2 核	NameNode SecondaryNameNode ResourceManager DataNode NodeManager	JDK Hadoop
192.168.56.102/server102	CentOS7-102 2GB+内存，1 核	DataNode NodeManager	JDK Hadoop
192.168.56.103/server103	CentOS7-103 2GB+内存，1 核	DataNode NodeManager	JDK Hadoop

从表2-1中可以看出，server101运行的进程比较多，且NameNode运行在上面，所以这台主机需要更多的内存。

由于需要使用3台Linux服务器搭建集群环境，因此推荐使用VirtualBox把2.2节配置好的虚拟机CentOS7-201复制出来，稍微做些修改，即可快速搭建Hadoop完全分布式环境。

（1）把CentOS7-201复制为CentOS7-101，按下面的 步骤01 ~ 步骤03 核对和修改相关配置，已经配置好的可以跳过去。

（2）把CentOS7-101复制为CentOS7-102、CentOS7-103，由于此时CentOS7-101已基本配置好了，复制出来的CentOS7-102、CentOS7-103只需修改主机名称和IP地址即可。

（3）3台虚拟机配置好了以后，再按下面的 步骤04 和 步骤05 运行这个完全分布式集群。

Hadoop完全分布式环境如图2-36所示。

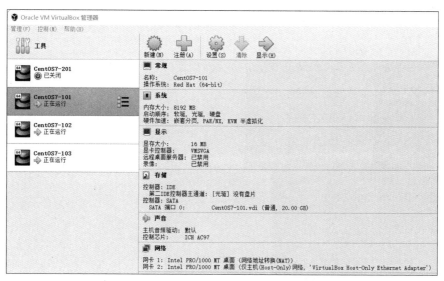

图 2-36　Hadoop 完全分布式环境

步骤 01 完成准备工作。

(1) 所有主机安装JDK1.8+。建议将JDK安装到不同主机的相同目录下，这样可以减少修改配置文件的次数。

(2) 在主节点（即执行start-dfs.sh和start-yarn.sh的主机）上向所有其他主机做SSH免密码登录。

(3) 修改所有主机的名称和IP地址。

(4) 配置所有主机的hosts文件，添加主机名和IP的映射：

```
192.168.56.101 server101
192.168.56.102 server102
192.168.56.103 server103
```

(5) 使用以下命令关闭所有主机上的防火墙：

```
systemctl stop firewalld
systemctl disable firewalld
```

步骤 02 在server101上安装Hadoop。

可以将Hadoop安装到任意目录下，如在根目录下，创建/app然后授予hadoop用户即可。

将hadoop-3.2.3.tar.gz解压到/app目录下，并配置/app目录属于hadoop用户：

```
$ sudo tar -zxvf hadoop-3.2.3.tag.gz -C /app/
```

将/app目录及子目录授权给hadoop用户和hadoop组：

```
$suto chown hadoop:hadoop -R /app
```

接下来的配置文件都在/app/hadoop-3.2.3/etc/hadoop目录下。配置hadoop-env.sh文件：

```
export JAVA_HOME=/usr/java/jdk1.8.0_361
```

配置core-site.xml文件：

```xml
<configuration>
    <property>
        <name>fs.defaultFS</name>
        <value>hdfs://server101:8020</value>
    </property>
    <property>
        <name>hadoop.tmp.dir</name>
        <value>/app/datas/hadoop</value>
    </property>
</configuration>
```

配置hdfs-site.xml文件：

```xml
<configuration>
    <property>
        <name>dfs.namenode.name.dir</name>
        <value>/app/hadoop-3.2.3/dfs/name</value>
    </property>
```

```xml
    <property>
        <name>dfs.datanode.data.dir</name>
        <value>/app/hadoop-3.2.3/dfs/data</value>
    </property>
    <property>
        <name>dfs.replication</name>
        <value>3</value>
    </property>
    <property>
        <name>dfs.permissions.enabled</name>
        <value>false</value>
    </property>
</configuration>
```

配置mapred-site.xml文件：

```xml
<configuration>
    <property>
        <name>mapreduce.framework.name</name>
        <value>yarn</value>
    </property>
</configuration>
```

配置yarn-site.xml文件：

```xml
<configuration>
    <property>
        <name>yarn.nodemanager.aux-services</name>
        <value>mapreduce_shuffle</value>
    </property>
    <property>
        <name>yarn.resourcemanager.hostname</name>
        <value>server101</value>
    </property>
    <property>
        <name>yarn.application.classpath</name>
        <value>请自行执行hadoop classpath命令并将结果填入</value>
    </property>
</configuration>
```

配置workers文件。workers文件用于配置执行DataNode和NodeManager的节点：

```
server101
server102
server103
```

步骤 03 使用scp将Hadoop分发到其他主机。

由于scp会在网络上传递文件，而hadoop/share/doc目录下都是文档，没有必要进行复制，因此可以删除这个目录。

删除doc目录：

```
$ rm -rf /app/hadoop-3.2.3/share/doc
```

然后复制server101的文件到其他两台主机的相同目录下：

```
$scp -r /app/hadoop-3.2.3  server102:/app/
$scp -r /app/hadoop-3.2.3  server103:/app/
```

步骤 04 在server101上格式化NameNode。

首先需要在server101上配置Hadoop的环境变量。打开/etc/profile文件：

```
$ sudo vim /etc/profile
```

在文件最后追加以下内容：

```
export HADOOP_HOME=/app/hadoop-3.2.3
export PATH=$PATH:$HADOOP_HOME/bin
```

在server101上执行namenode初始化命令：

```
$ hdfs namenode -format
```

步骤 05 启动HDFS和YARN。

在server101上执行启动工作时，由于配置了集群，此启动过程会以SSH方式登录其他两台主机，并分别启动DataNode和NodeManager。

```
$ /app/hadoop-3.2.3/sbin/start-dfs.sh
$ /app/hadoop-3.2.3/sbin/start-yarn.sh
```

启动完成后，通过宿主机的浏览器查看9870端口，页面会显示集群情况。即访问http://192.168.56.101:9870，会发现同时存在3个DataNode节点，如图2-37所示。

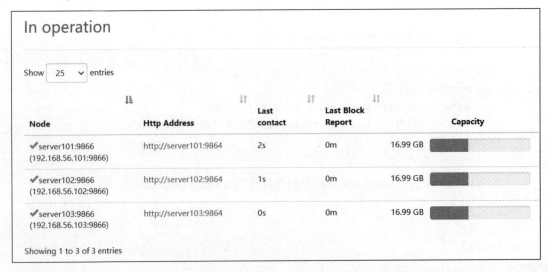

图2-37 存在3个DataNode节点

访问http://192.168.56.101:8088，会发现同时存在集群的3个活动节点，如图2-38所示。

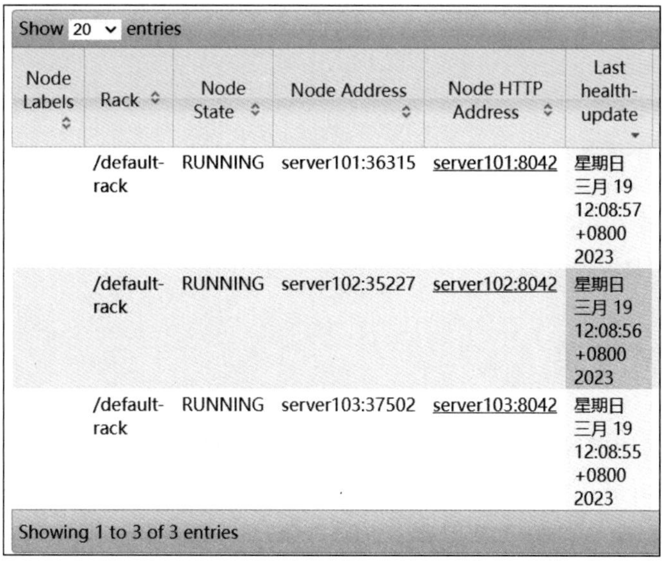

Show 20 entries

Node Labels	Rack	Node State	Node Address	Node HTTP Address	Last health-update
	/default-rack	RUNNING	server101:36315	server101:8042	星期日 三月 19 12:08:57 +0800 2023
	/default-rack	RUNNING	server102:35227	server102:8042	星期日 三月 19 12:08:56 +0800 2023
	/default-rack	RUNNING	server103:37502	server103:8042	星期日 三月 19 12:08:55 +0800 2023

Showing 1 to 3 of 3 entries

图 2-38　存在集群的 3 个活动节点

步骤 06 执行MapReduce测试集群。

建议执行MapReduce测试一下集群，比如执行WordCount示例，如果可以顺利执行完成，则说明整个集群的配置都是正确的。首先创建一个文本文件a.txt，并输入几行英文句子：

```
[hadoop@server101 ~]$ vim a.txt
Hello This is
a Very Sample MapReduce
Example of Word Count
Hope You Run This Program Success!
```

然后分别执行以下命令：

```
[hadoop@server101 ~]$ hdfs dfs -mkdir -p /home/hadoop
[hadoop@server101 ~]$ hdfs dfs -mkdir /home/hadoop
[hadoop@server101 ~]$ hdfs dfs -put ./a.txt /home/hadoop
[hadoop@server101 ~]$ yarn jar /app/hadoop-3.2.3/share/hadoop/mapreduce/
hadoop-mapreduce-examples-3.2.3.jar wordcount ~/a.txt /out002
```

2.4　Spark的安装与配置

Spark的运行不一定必须安装Hadoop环境，但由于Spark本身并没有任何用于分布式存储的文件系统，而许多大数据项目需要处理PB级的数据，这些数据需要存储在分布式存储中，因此，在这种情况下，Spark需要与Hadoop的分布式文件系统（HDFS）、资源管理器YARN或者其他第三方存储系统一起使用。本节主要讲解以下4种Spark的安装和部署模式：

- 本地模式安装。
- 伪分布模式安装。
- 完全分布模式安装。
- Spark on YARN安装。

无论哪一种安装方式，都需要JDK1.8+环境。因此，需先准备好JDK环境，并正确配置JAVA_HOME和PATH环境变量。

2.4.1 本地模式安装

本地模式的安装比较简单，直接启动2.2节安装配置好的CentOS7-201虚拟机，以hadoop账户登录Linux，下载并解压Spark安装文件就可以运行。这种模式可以让我们快速了解Spark。下面具体介绍一下Spark本地模式的安装。

步骤01 下载Spark安装文件，解压并配置环境变量：

```
[hadoop@server201 app]$ wget https://archive.apache.org/dist/spark/spark-3.3.1/spark-3.3.1-bin-hadoop3.tgz
[hadoop@server201 app]$ tar -zxvf spark-3.3.1-bin-hadoop3.tgz -C /app/
[hadoop@server201 app]$ sudo vim /etc/profile
export SPARK_HOME=/app/spark-3.3.1
export PATH=$PATH:$SPARK_HOME/bin
[hadoop@server201 app]$ source /etc/profile
```

步骤02 配置完成以后，先通过Spark Shell查看帮助和版本信息，还可以使用--help查看所有选项的帮助信息：

```
[hadoop@server201 app]$ spark-shell --help
Usage: ./bin/spark-shell [options]
Scala REPL options:
  -I <file>                   preload <file>, enforcing line-by-line interpretation
Options:
  --master MASTER_URL         spark://host:port, mesos://host:port, yarn,
                              k8s://https://host:port, or local (Default: local[*]).
....
```

步骤03 查看Spark的版本，直接使用--version参数即可：

```
[hadoop@server201 app]$ spark-shell --version
Spark Version 3.3.1
Using Scala version 2.12.17, Java HotSpot(TM) 64-Bit Server VM, 1.8.0_361
Branch HEAD
Compiled by user ubuntu on 2021-02-22T01:33:19Z
Revision 1d550c4e90275ab418b9161925049239227f3dc9
```

```
Url https://github.com/apache/spark
Type --help for more information.
```

步骤 04 使用Spark Shell启动Spark客户端，通过--master指定为local模式，通过local[2]指定使用两核：

```
$ spark-shell --master local[2]
Welcome to
      ____              __
     / __/__  ___ _____/ /__
    _\ \/ _ \/ _ `/ __/  '_/
   /___/ .__/\_,_/_/ /_/\_\   version 3.3.1
      /_/

Using Scala version 2.12.17 (Java HotSpot(TM) 64-Bit Server VM, Java 1.8.0_361)
Type in expressions to have them evaluated.
Type :help for more information.
scala>
```

其中显示Spark的版本为3.3.1，Scala的版本为2.12.17。

下面运行官方提供的WordCount示例，示例中存在一些方法读者可能尚不明白，不过没有关系，在后面的章节中将会详细讲解。

（1）通过sc获取SparkContext对象并加载一个文件到内存中：

```
scala> val file = sc.textFile("file:///app/hadoop-3.2.3/NOTICE.txt");
val file: org.apache.spark.rdd.RDD[String] = file:///app/hadoop-3.2.3/NOTICE.txt MapPartitionsRDD[1] at textFile at <console>:1
```

（2）使用一系列的算子对文件对象进行处理：先按空格键和回车键进行分割，然后使用map将数据组合成(key,value)形式，最后使用reduceByKey算子将key合并：

```
scala> val words = file.flatMap(_.split("\\s+")).map((_,1)).reduceByKey(_+_);
val words: org.apache.spark.rdd.RDD[(String, Int)] = ShuffledRDD[4] at reduceByKey at <console>:1
```

（3）调用collect方法输出结果：

```
scala> words.collect
val res0: Array[(String, Int)] = Array((this,2), (is,1), (how,1), (into,2), (something,1), (hive.,2), (file,1), (And,1), (process,1), (you,2), (about,1), (wordcount,1), (import,1), (a,1), (text,1), (be,1), (to,2), (in,1), (tell,1), (for,1), (must,1))
```

对于上例的运算过程，也可以打开宿主机浏览器访问http://192.168.56.201:4040查看运行效果，如图2-39所示。

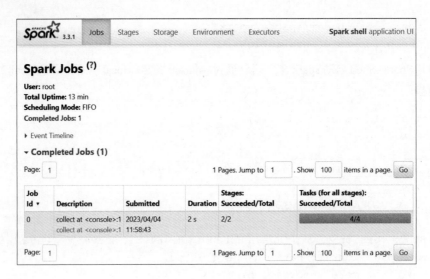

图 2-39 示例运行效果

从图2-39中可以看出，reduceByKey引发了第二个Stage，从Stage0到Stage1将会引发shuffle，这也是区分转换算子和行动算子的主要依据。

通过上面的示例可以看出，在本地模式下运行Spark不需要事先启动任何的进程；启动Spark Shell后，可以通过SparkContext读取本地文件系统目录下的文件。

（4）操作完成以后，输入":quit"即可退出：

```
scala> :quit
[hadoop@server201 app]$
```

2.4.2 伪分布模式安装

伪分布模式也是在一台主机上运行，我们直接使用2.2节配置好的CentOS7-201虚拟机。伪分布模式需要启动Spark的两个进程，分别是Master和Worker。启动后，可以通过8080端口查看Spark的运行状态。伪分布模式安装需要修改一个配置文件SPARK_HOME/conf/workers，添加一个worker节点，然后通过SPARK_HOME/sbin目录下的start-all.sh启动Spark集群。完整的Spark伪分布模式安装的操作步骤如下：

步骤01 配置SSH免密码登录。

由于启动Spark需要远程启动Worker进程，因此需要配置从start-all.sh的主机到worker节点的SSH免密码登录（如果之前已经配置过此项，那么可以不用重复配置）：

```
$ ssh-keygen -t rsa
$ ssh-copy-id server201
```

步骤02 修改配置文件。

在spark-env.sh文件中添加JAVA_HOME环境变量（在最前面添加即可）：

```
$ vim /app/spark-3.3.1/sbin/spark-env.sh
export JAVA_HOME=/usr/java/jdk1.8.0-361
```

修改workers配置文件：

```
$ vim /app/spark-3.3.1/conf/workers
server201
```

步骤 03 执行start-all.sh启动Spark：

```
$ /app/spark-3.3.1/sbin/start-all.sh
```

启动完成以后，会有两个进程，分别是Master和Worker：

```
[hadoop@server201 sbin]$ jps
2128 Worker
2228 Jps
2044 Master
```

查看启动日志可知，可以通过访问8080端口查看Web界面：

```
$ cat /app/spark-3.3.1/logs/spark-hadoop-org.apache.spark.deploy.master.Master-1-server201.out
 21/03/22 22:03:47 INFO Utils: Successfully started service 'sparkMaster' on port 7077.
 21/03/22 22:03:47 INFO Master: Starting Spark master at spark://server201:7077
 21/03/22 22:03:47 INFO Master: Running Spark version 3.3.1
 21/03/22 22:03:47 INFO Utils: Successfully started service 'MasterUI' on port 8080.
 21/03/22 22:03:47 INFO MasterWebUI: Bound MasterWebUI to 0.0.0.0, and started at http://server201:8080
 21/03/22 22:03:47 INFO Master: I have been elected leader! New state: ALIVE
 21/03/22 22:03:50 INFO Master: Registering worker 192.168.56.201:34907 with 2 cores, 2.7 GiB RAM
```

再次通过netstat命令查看端口的使用情况：

```
[hadoop@server201 sbin]$ netstat -nap | grep java
(Not all processes could be identified, non-owned process info
 will not be shown, you would have to be root to see it all.)
    tcp6       0      0 :::8080                 :::*                    LISTEN      2044/java
    tcp6       0      0 :::8081                 :::*                    LISTEN      2128/java
    tcp6       0      0 192.168.56.201:34907    :::*                    LISTEN      2128/java
    tcp6       0      0 192.168.56.201:7077     :::*                    LISTEN      2044/java
    tcp6       0      0 192.168.56.201:53630    192.168.56.201:7077     ESTABLISHED 2128/java
```

```
    tcp6       0      0 192.168.56.201:7077     192.168.56.201:53630
ESTABLISHED 2044/java
    unix  2      [ ]         STREAM       CONNECTED      53247    2044/java
    unix  2      [ ]         STREAM       CONNECTED      55327    2128/java
    unix  2      [ ]         STREAM       CONNECTED      54703    2044/java
    unix  2      [ ]         STREAM       CONNECTED      54699    2128/java
    [hadoop@server201 sbin]$ jps
    2128 Worker
    2243 Jps
    2044 Master
```

可以发现一共有两个端口被占用，它们分别是7077和8080。

步骤04 查看8080端口。

在宿主机浏览器中直接输入http://192.168.56.201:8080查看Spark的运行状态，如图2-40所示。

图2-40 Spark的运行状态

步骤05 测试集群是否运行。

依然使用Spark Shell，通过--master指定spark://server201:7077的地址即可使用这个集群：

```
$ spark-shell --master spark://server201:7077
```

然后我们可以再做一次2.4.1节的WordCount测试。

（1）读取文件：

```
scala> val file = sc.textFile("file:///app/hadoop-3.2.3/NOTICE.txt");
file: org.apache.spark.rdd.RDD[String] =
file:///app/hadoop-3.2.3/NOTICE.txt MapPartitionsRDD[1] at textFile at
<console>:1
```

（2）根据空格符和回车符将字符节分为一个一个的单词：

```
scala> val words = file.flatMap(_.split("\\s+"));
words: org.apache.spark.rdd.RDD[String] = MapPartitionsRDD[2] at flatMap at
<console>:1
```

(3)统计单词,每一个单词初始统计为1:

```
scala> val kv = words.map((_,1));
kv: org.apache.spark.rdd.RDD[(String, Int)] = MapPartitionsRDD[3] at map at <console>:1
```

(4)根据key进行统计计算:

```
scala> val worldCount = kv.reduceByKey(_+_);
worldCount: org.apache.spark.rdd.RDD[(String, Int)] = ShuffledRDD[4] at reduceByKey at <console>:1
```

(5)输出结果并在每一行中添加一个制表符:

```
scala> worldCount.collect.foreach(kv=>println(kv._1+"\t"+kv._2));
this     2
is       1
how      1
into     2
something     1
hive.    2
file     1
And      1
process  1
you      2
about    1
wordcount     1
```

如果在运行时查看后台进程,将会发现多出以下两个进程:

```
[hadoop@server201 ~]# jps
12897 Worker
13811 SparkSubmit
13896 CoarseGrainedExecutorBackend
12825 Master
14108 Jps
```

SparkSubmit为一个客户端,与Running Application对应;CoarseGrainedExecutorBackend用于接收任务。

2.4.3 完全分布模式安装

完全分布模式也叫集群模式。将Spark目录文件分发到其他主机并配置workers节点,即可快速配置Spark集群(需要先安装好JDK并配置好从Master到Worker的SSH信任)。具体步骤如下:

步骤01 配置计划表。

集群主机配置如表2-3所示。所有主机在相同目录下安装JDK，Spark安装到所有主机的相同目录下，如/app/。

表2-3 集群主机配置表

IP/主机名/虚拟机	软件程序	进程
192.168.56.101 server101 CentOS7-101	JDK/Spark SSH 向 server101、server102、server103 免密码登录	Master Worker
192.168.56.102 server102 CentOS7-102	JDK/Spark	Worker
192.168.56.103 server103 CentOS7-103	JDK/Spark	Worker

步骤02 准备3台Linux虚拟机搭建集群环境。

这里推荐直接使用2.3节配置好的Hadoop完全分布式环境，稍微做些修改，即可快速搭建Spark完全分布模式环境。

步骤03 解压并配置Spark。

在server101上解压Spark：

```
$ tar -zxvf ~/spark-3.3.1-bin-hadoop3.tgz -C /app/
$ mv spark-3.3.1-bin-hadoop3 spark-3.3.1
```

修改spark-env.sh文件，在文件最开始添加JAVA_HOME环境变量：

```
$ vim /app/spark-3.3.1/sbin/spark-conf.sh
export JAVA_HOME=/usr/java/jdk1.8.0-361
```

修改worker文件，添加所有主机在worker节点上的名称：

```
$ vim /app/spark-3.3.1/conf/workers
server101
server102
server103
```

使用scp将Spark目录分发到所有主机相同的目录下：

```
$ scp -r /app/spark-3.3.1 server102:/app/
$ scp -r /app/spark-3.3.1 server103:/app/
```

步骤04 启动Spark。

在主Spark上执行start-all.sh：

```
$ /app/spark-3.3.1/sbin/start-all.sh
```

启动完成以后，查看master主机的8080端口，如图2-41所示。

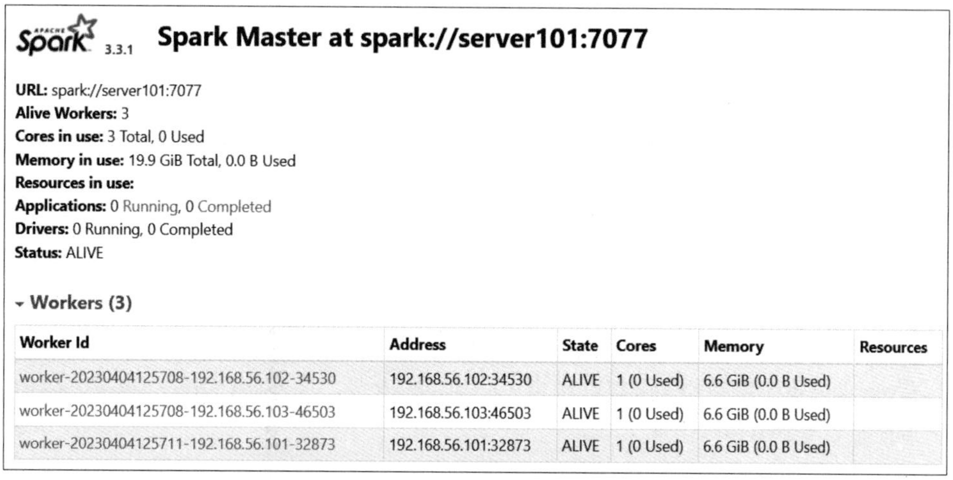

图 2-41　master 主机的 8080 端口

步骤 05 测试。

由于已经配置了Hadoop集群，并且与Spark的worker节点在相同的主机上，因此在集群环境下，一般是访问HDFS上的文件：

```
$spark-shell --master spark://server101:7077
scala> val rdd1 = sc.textFile( "hdfs://server101:8082/test/a.txt" );
```

将结果保存到HDFS，最后查看HDFS上的计算结果即可：

```
scala> rdd1.flatMap(_.split("\\s+")).map((_,1)).reduceByKey(_+_).
saveAsTextFile("hdfs://server101:8020/out004");
```

> **说明** 本书环境特别说明：为了方便读者快速上手学习，本书涉及Spark SQL应用的章节如无特别说明，均采用Spark本地运行模式，本地模式的安装参见2.4.1节；涉及编程实现的章节及最后两章的综合分析项目则不需要安装Spark，只需要在Windows系统本机上的项目中引入Spark相关的完整的JAR包即可，程序中则通过SparkContext的setMaster("local[*]")方法进行设置。

2.4.4　Spark on YARN

在Spark Standalone模式下，集群资源调度由Master节点负责。Standalone模式只支持简单的固定资源分配策略，每个任务有固定数量的core（CPU核心），各任务按顺序依次分配资源，资源不够时排队等待。这种策略适用于单用户的场景。当有多用户时，各用户的程序差别很大，这种简单粗暴的策略很可能导致有些用户总是分配不到资源，而YARN的动态资源分配策略可以很好地解决这个问题。另外，YARN作为通用的资源调度平台，除了为Spark提供调度服务外，还可以为其他子系统（比如Hadoop MapReduce、Hive）提供调度，这样由YARN统一为集群上的所有计算负载分配资源，可以避免资源分配的混乱无序。

在Spark Standalone集群部署完成之后，配置Spark支持YARN就容易多了。具体步骤如下：

步骤 01 配置spark-env.sh。

Spark已经可以配置运行在YARN上，只需在spark-env.sh中配置Hadoop的相关信息和SPARK_EXECUTOR_CORES数量即可：

```
$ vim /app/spark-3.3.1/conf/spark-env.sh
HADOOP_CONF_DIR=/app/hadoop-3.2.3/etc/hadoop/
YARN_CONF_DIR=/app/hadoop-3.2.3/etc/hadoop/
SPARK_EXECUTOR_CORES=2
```

步骤 02 将Spark依赖的所有JAR包都打包为一个大的JAR包，上传到HDFS，并在spark-default.sh中配置这个JAR包的位置。

进入/app/spark-3.3.1/jars，然后执行打包命令：

```
$ jar -cv0f ~/spark-libs.jar *.jar
```

将打包好的JAR包上传到HDFS：

```
$ hdfs dfs -put ~/spark-libs.jar /spark/spark-libs.jar
```

在spark-default.sh中配置上述地址：

```
$ vim /app/spark-3.3.1/conf/spark-default.conf
spark.yarn.archive=hdfs://server101:8020/spark/spark-libs.jar
```

步骤 03 启动spark-shell --master yarn。

使用spark-shell --master yarn来启动Spark客户端。如果内存不够大，在启动时会出现以下异常：

```
Container is running beyond virtual memory limits. Current usage: 250.2 MB of 1 GB physical memory used;
```

解决方法是取消YARN的内存检查，即在yarn-site.xml文件中添加以下代码：

```xml
<property>
    <name>yarn.nodemanager.vmem-check-enabled</name>
    <value>false</value>
</property>
```

配置完成以后，重新启动YARN。

步骤 04 测试Spark on YARN是否安装成功。

```
[hadoop@server201 app]$ /app/spark-3.3.1/bin/spark-shell --master yarn
2021-03-17 15:49:39 WARN  NativeCodeLoader:62 - Unable to load native-hadoop
Spark context Web UI available at http://server201:4040
Spark context available as 'sc' (master = yarn, app id = application_1547711305090_0001).
Spark session available as 'spark'.
Welcome to
```

```
      ____              __
     / __/__  ___ _____/ /__
    _\ \/ _ \/ _ `/ __/  '_/
   /___/ .__/\_,_/_/ /_/\_\   version 3.3.1
      /_/
         
Using Scala version 2.12.17 (Java HotSpot(TM) 64-Bit Server VM, Java 1.8.0_361)
Type in expressions to have them evaluated.
Type :help for more information.
```

Spark on YARN已安装成功,现在就可以做一个测试,查看Spark on YARN的运行结果。

(1)首先在HDFS上创建/test/a.txt:

```
[hadoop@server201 ~] hdfs dfs -mkdir /test
[hadoop@server201 ~] hdfs dfs -put ./a.txt /test
```

(2)读取HDFS上的一个文件:

```
scala> val rdd1 = sc.textFile("/test/a.txt");
rdd1: org.apache.spark.rdd.RDD[String] = /test/a.txt MapPartitionsRDD[1] at textFile at <console>:24
```

(3)统计行数:

```
scala> rdd1.count
res0: Long = 21
```

(4)再执行一系列算子:

```
scala> rdd1.flatMap(_.split("\\s+")).map((_,1)).reduceByKey(_+_).collect.foreach(kv=>println(kv._1+"\t"+kv._2));
Example   1
Program   1
is        1
Hello     1
Word      1
MapReduce     1
This      2
Success!      1
Very      1
Hope      1
Sample    1
Run       1
Count     1
a         1
You       1
of        1
```

执行完成以后,通过浏览器查看4040端口（http://server201:4040）,当我们访问4040端口时,会自动跳转到8088端口,如图2-42和图2-43所示。

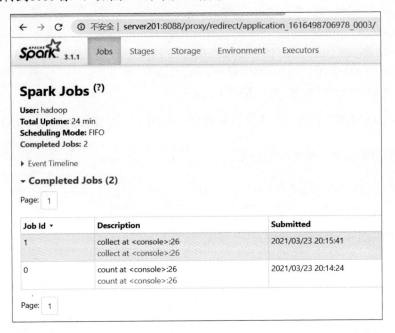

图 2-42　查看 4040 端口

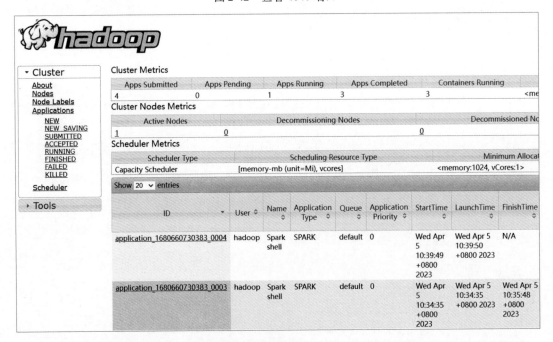

图 2-43　跳转到 8088 端口

正如本节所介绍的,Spark的安装与配置非常简单,它的运行也有以下几种方式:

- 本地模式:直接使用spark-shell --master local[*]。

- 伪分布模式和完全分布模式：首先需要使用start-all.sh启动Spark集群，然后使用spark-shell --master spark://server:7077登录驱动程序。
- 完全分布模式运行在YARN上（Spark on YARN）：这需要在spark-env.sh配置文件中添加HADOOP_CONF_DIR，然后就可以使用spark-shell --master yarn方式来启动驱动程序。

2.5　Spark的任务提交

本节主要介绍Spark官方推荐的提交任务方式——spark-submit。spark-submit脚本位于Spark安装目录下的bin目录中，用于在集群上启动应用程序。这种启动方式可以通过统一的界面使用Spark支持的所有的集群管理功能，而不必为每个应用程序做专门的配置。

2.5.1　使用 spark-submit 提交

首先查看spark-submit的帮助：

```
[hadoop@server201 app]# spark-submit
Usage: spark-submit [options] <app jar | python file | R file> [app arguments]
Usage: spark-submit --kill [submission ID] --master [spark://...]
Usage: spark-submit --status [submission ID] --master [spark://...]
Usage: spark-submit run-example [options] example-class [example args]
```

然后修改一个Scala示例程序，输入和输出都通过参数来接收，如代码2-1所示。

代码2-1　WordCount2.scala

```
package org.hadoop.spark
object WordCount2 {
  def main(args: Array[String]): Unit = {
    if (args.length < 2) {
      print("usage :<in> <out>");
      return;
    }
    val in: String = args.apply(0);
    val out: String = args.apply(1);
    val conf: SparkConf = new SparkConf();
    conf.set("fs.defaultFS", "hdfs://server201:8020");
    conf.setAppName("WordCount");
    var sc: SparkContext = new SparkContext(conf);
    //获取hadoop config
    val hadoopConfig: Configuration = new Configuration();
    hadoopConfig.set("fs.defaultFS", "hdfs://server201:8020");
    val fs: FileSystem = FileSystem.get(hadoopConfig);
    val pathOut: Path = new Path(out);
```

```
        if (fs.exists(pathOut)) {
            fs.delete(pathOut, true);   //删除已经存在的文件
        }
        if (!fs.exists(new Path(in))) {
            print("文件或目录不存在: " + in);
            return;
        }
        val rdd = sc.textFile(in, minPartitions = 2);
        rdd.flatMap(_.split("\\s+"))
          .map((_, 1))
          .reduceByKey(_ + _)
          .sortByKey()
          .map(kv => kv._1 + "\t" + kv._2)
          .saveAsTextFile(out);
        sc.stop();
    }
}
```

再使用Maven打包上述代码，也可以输入命令或是使用IDEA集成开发环境打包。

接着将打包好的内容上传到Linux，最后使用以下语句提交代码：

```
$ spark-submit --master spark://server201:7077 \
--class org.hadoop.spark.WordCount2 \
chapter11-1.0.jar\
hdfs://server201:8020/test/   \
hdfs://server201:8020/out001
```

代码执行完成以后，查看目录下输出的数据即可。

至此，我们已经可以使用Scala开发Spark程序了。

2.5.2 spark-submit 参数说明

Spark提交任务有两种常见模式：

- local[k]：本地使用k个worker线程运行Spark程序。这种模式适合小批量数据在本地调试代码用（若使用本地的文件，需要在前面加上"file://"）。
- Spark on YARN模式。
    - yarn-client模式：以client模式连接到YARN集群，该方式驱动程序运行在client上。
    - yarn-cluster模式：以cluster模式连接到YARN集群，该方式驱动程序运行在worker节点上。

对于应用场景来说，yarn-cluster模式适合生产环境，yarn-client模式适合交互和调试。

1. 通用可选参数

（1）--master master_url：主机的URL，参数值可以是spark://host:port、mesos://host:port、yarn、yarn-cluster、yarn-client、local。

（2）--deploy-mode：驱动程序运行的地方，参数值可以是client或者cluster，默认是client。

（3）--class：主类名称，含包名。

（4）--jars：逗号分隔的本地JARS，以及驱动程序和执行器依赖的第三方JAR包。

（5）--driver-class-path：驱动程序依赖的JAR包。

（6）--files：用逗号隔开的文件列表，会放置在每个执行器工作目录中。

（7）--conf：Spark的配置属性。

例如：

spark.executor.userClassPathFirst=true

表示当在executor中加载类时，用户添加的JAR是否比Spark自己的JAR优先级高。这个属性可以降低Spark依赖和用户依赖的冲突。它现在还是一个实验性的特征。

又如：

spark.driver.userClassPathFirst=true

表示当在driver中加载类时，用户添加的JAR是否比Spark自己的JAR优先级高。这个属性可以降低Spark依赖和用户依赖的冲突。它现在还是一个实验性的特征。

又如：

--driver-memory

驱动程序使用的内存大小（如1000MB、5GB），默认为1024MB。

又如：

--executor-memory

每个执行器的内存大小（如1000MB、2GB），默认为1GB。

2. 仅限于Spark on YARN模式的参数

（1）--driver-cores：驱动使用的core，仅在cluster模式下有效，默认值为1。

（2）--queue：QUEUE_NAME指定资源队列的名称，默认为default。

（3）--num-executors：启动的执行器总数量，默认是2个。

（4）--executor-cores：每个执行器使用的内核数，默认为1。

3. 几个重要的参数说明

（1）executor_cores*num_executors：表示的是能够并行执行的任务的数目不宜太小或太大，一般不超过队列总cores的25%。比如队列总cores为400，则最大不要超过100，最小建议不低于40，除非日志量很小。

（2）executor_cores：不宜为1，否则work进程中线程数过少，一般2~4为宜。

（3）executor_memory：一般6GB~10GB为宜，最大不超过20GB，否则会导致GC（垃圾回收）代价过高，或资源浪费严重。

（4）driver-memory：驱动不做任何计算和存储，只是下发任务与YARN资源管理器、task交互，除非是Spark Shell，否则一般为1GB~2GB。

4. 增加executor的内存量

增加每个executor的内存量以后，对性能的提升有以下3点好处：

（1）如果需要对RDD进行缓存，那么更多的内存就可以缓存更多的数据，写入更少的数据到磁盘，甚至不写入磁盘，因此减少了磁盘I/O，提升了性能。

（2）对于shuffle操作，在reduce端，会需要内存来存放拉取的数据并进行聚合，当内存不够时，就会写入磁盘。如果给executor分配更多内存，那么就有更少的数据需要写入磁盘，甚至不需要写入磁盘，因此减少了磁盘I/O，提升了性能。

（3）对于任务的执行，可能会创建很多对象。如果内存比较小，可能会频繁导致JVM内存占满，从而导致频繁的垃圾回收，影响执行速度。内存加大以后，带来更少的垃圾回收操作，从而避免了执行速度变慢，提升了性能。

Spark提交参数的设置非常重要，如果设置得不合理，会影响性能，所以要根据具体的情况适当地调整参数的配置，以利于提高程序执行的性能。

第 3 章
Spark的典型数据结构RDD

Spark SQL与RDD的关系类似于Hive和MapReduce的关系,它是将Spark SQL转换成RDD,然后提交到集群执行,执行效率非常快。学习Spark SQL之前需要学习Spark RDD,因为Spark SQL是建立在RDD之上的,它的很多底层实现都依赖于RDD。

Hadoop中的MapReduce虽然具有自动容错、平衡负载和可拓展性的优点,但它最大的缺点是采用非循环式的数据流模型,使得在迭代计算时需要进行大量的磁盘I/O操作。Spark中的RDD可以很好地解决这一缺点。我们可以将RDD理解为一个分布式存储在集群中的大型数据集合,不同RDD之间可以通过转换操作形成依赖关系并实现管道化,从而避免了中间结果的I/O操作,提高了数据处理的速度和性能。本章将对RDD进行详细讲解。

本章主要知识点:

* RDD概述
* RDD的主要属性
* RDD的特点
* RDD的创建与处理过程
* 常见的转换算子和行动算子

3.1 什么是RDD

RDD是一个不可变的分布式对象集合,是Spark中最基本的数据抽象。在代码中,RDD是一个抽象类,代表一个弹性的、不可变的、可分区的、里面的元素可并行计算的集合。

每个RDD都被分为多个分区,这些分区运行在集群中的不同节点上。RDD可以包含Python、Java、Scala中任意类型的对象,甚至可以包含用户自定义的对象。RDD的转换操作都是惰性求值的，所以不应该把RDD看作存放着特定数据的数据集，而最好把每个RDD当作我们通过转换操作构建出来的、记录如何计算数据的指令列表。

RDD表示只读的分区的数据集，对RDD进行改动时，只能通过RDD的转换操作由一个RDD得到一个新的RDD，新的RDD包含了从其他RDD衍生所必需的信息。RDD之间存在依赖，RDD的执行是按照依赖关系延时计算的。如果依赖关系较长，那么可以通过持久化RDD来切断依赖关系。RDD逻辑上是分区的，每个分区的数据抽象存在，计算的时候会通过一个compute函数得到每个分区的数据。如果RDD是通过已有的文件系统构建的，那么compute函数读取指定文件系统中的数据；如果RDD是通过其他RDD转换而来的，那么compute函数首先执行转换逻辑，也就是对其他RDD的数据进行转换。

3.2 RDD的主要属性

RDD的主要属性如下：

（1）A list of partitions：多个分区。

分区可以看作数据集的基本组成单位。对于RDD来说，每个分区都会被一个计算任务处理，并决定并行计算的粒度。用户可以在创建RDD时指定RDD的分区数，如果没有指定，就会采用默认值。默认值就是程序所分配到的CPU Core的数目。每个分配的存储是由BlockManager实现的。每个分区都会被逻辑映射成BlockManager的一个Block（块），而这个Block会被一个task计算。

（2）A function for computing each split：计算每个切片（分区）的函数。

在Spark中，RDD的计算是以分区为单位的，每个RDD都会实现compute函数以达到这个目的。

（3）A list of dependencies on other RDDs：与其他RDD之间的依赖关系。

RDD的每次转换都会生成一个新的RDD，所以RDD之间会形成类似于流水线一样的前后依赖关系。在部分分区数据丢失时，Spark可以通过这个依赖关系重新计算丢失的分区数据，而不是对RDD的所有分区进行重新计算。

（4）Optionally, a partitioner for key-value RDDs(e.g. to say that the RDD is hash-partitioned)：对存储键-值对（key-value pairs）的RDD来说，还有一个可选的分区器。

只有存储键-值对的RDD才会有分区器；没有存储键-值对的RDD，其分区器的值是None。分区器不但决定了RDD的本区数量，也决定了父RDD Shuffle输出时的分区数量。

（5）Optionally，a list of preferred locations to compute each split on (e.g. block locations for an HDFS file)：存储每个切片优先位置的列表。

例如，对于一个HDFS文件来说，这个列表保存的就是每个分区所在文件块的位置。按照"移动数据不如移动计算"的理念，Spark在进行任务调度的时候，会尽可能地将计算任务分配到它所要处理的数据块的存储位置。

3.3 RDD的特点

一个RDD可以简单地理解为一个分布式的元素集合。在Spark中，所有的工作要么是创建RDD，要么是转换已经存在的RDD成为新的RDD，要么在RDD上执行一些操作来得到计算结果。本节主要对RDD的一些特点进行讲解。

1. 弹性

RDD的弹性特点主要表现在以下4个方面：

- *存储的弹性*：内存与磁盘的自动切换。
- *容错的弹性*：数据丢失后可以自动恢复。
- *计算的弹性*：针对计算出错具有重试机制。
- *分片的弹性*：可根据需要重新分片。

2. 分区

在分布式程序中，网络通信的开销很大，因此控制数据分布以获得最少的网络传输，可以极大地提升程序的整体性能。Spark程序可以通过控制RDD分区的方式来减少通信开销。Spark中所有的RDD都可以进行分区，系统会根据一个针对键的函数对元素进行分区。虽然Spark不能控制每个键具体划分到哪个节点上，但是可以确保相同的键出现在同一个分区上。

RDD的分区原则是分区的个数尽量等于集群中的CPU核心数目。对于不同的Spark部署模式而言，都可以通过设置spark.default.parallelism这个参数的值来配置默认的分区数目。

Spark框架为RDD提供了两种分区方式，分别是哈希分区（hash partitioner）和范围分区（range partitioner）。其中，哈希分区是根据哈希值进行分区，范围分区是将一定范围的数据映射到一个分区中。这两种分区方式已经可以满足大多数应用场景的需求。同时，Spark也支持自定义分区方式，即通过一个自定义的Partitioner对象来控制RDD的分区，从而进一步减少通信开销。

3. 只读

RDD是只读的，要想改变RDD中的数据，只能在现有RDD基础上创建新的RDD。

由一个RDD转换到另一个RDD，可以通过丰富的转换算子实现，不再像MapReduce那样只能写map和reduce了。

4. 依赖（血缘）

RDD之间通过操作算子进行转换，转换得到的新RDD包含了从其他RDD衍生所必需的信息，RDD之间维护着这种血缘关系，称之为依赖。

RDD之间的依赖包括窄依赖和宽依赖两种，如图3-1所示。

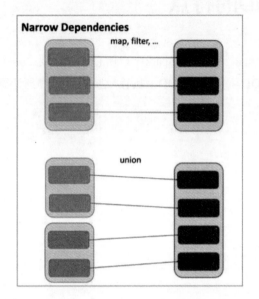
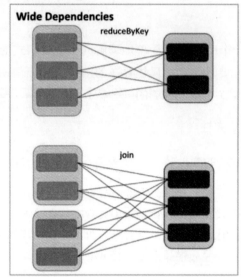

图 3-1　RDD 之间的依赖关系

- 窄依赖：RDD之间分区是一一对应的。
- 宽依赖：下游RDD的每个分区与上游RDD（也称为父RDD）的每个分区都有关，是多对多的关系。

1）窄依赖

如果B RDD是由A RDD计算得到的，那么B RDD就是子RDD，A RDD就是父RDD。

如果依赖关系在设计的时候就可以确定，而不需要考虑父RDD分区中的记录，并且父RDD中的每个分区最多只有一个子分区，那么这样的依赖就叫窄依赖，如图3-2所示。

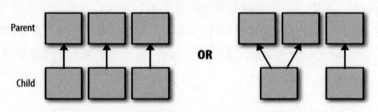

图 3-2　窄依赖

一句话总结：父RDD的每个分区最多被一个子RDD的分区使用。

具体来说，窄依赖工作的时候，要么子RDD中的分区只依赖一个父RDD中的一个分区（比如map、filter操作），要么在设计时候就能确定子RDD是父RDD的一个子集（比如coalesce操作）。

因此，窄依赖的转换可以在任何一个分区上单独执行，而不需要其他分区的任何信息。

2）宽依赖

如果父RDD的分区被不止一个子RDD的分区依赖，那么就是宽依赖。宽依赖如图3-3所示。

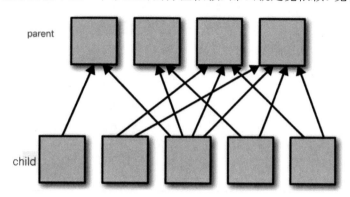

图 3-3　宽依赖

宽依赖工作的时候，不能随意在某些记录上运行，而是需要使用特殊的方式（比如按照key）来获取分区中的所有数据。

例如，在排序（sort）的时候，数据必须被分区，同样范围的key必须在同一个分区内。

具有宽依赖的转换包括sort、reduceByKey、groupByKey、join和调用rePartition函数的任何操作。

5. 缓存

如果在应用程序中多次使用同一个RDD，那么可以将该RDD缓存起来。该RDD只在第一次计算的时候根据依赖关系得到分区的数据，在后续其他地方用到该RDD时，会直接从缓存处获取而不用再根据依赖关系进行计算，这样就加速了后期的重用。

如图3-4所示，RDD-1经过一系列的转换后得到RDD-n并保存到HDFS，RDD-1在这一过程中会有一个中间结果，如果将这个中间结果缓存到内存，那么在随后的RDD-1转换到RDD-m这一过程中，就不会计算其之前的RDD-0了。

6. checkpoint

RDD的依赖关系天然地可以实现容错，当RDD的某个分区数据计算失败或丢失时，可以通过依赖关系重建。但是，对于长时间迭代型应用来说，随着迭代的进行，RDD之间的依赖关系会越来越长，一旦在后续迭代过程中出错，则需要通过非常长的依赖关系去重建，势必影响性能。为此，RDD支持使用checkpoint将数据保存到持久化的存储中，这样就可以切断之前的依赖关系，因为checkpoint后的RDD不需要知道它的父RDD了，可以直接从checkpoint处拿到数据。

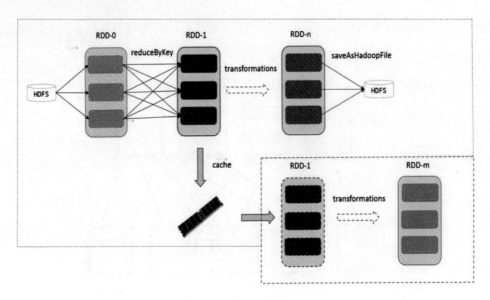

图 3-4　RDD 的转换

3.4　RDD的创建与处理过程

本节主要介绍RDD的创建及其处理过程。本节所有实战均在Spark Shell命令行方式下进行。

Spark Shell是Spark提供的一个交互式分析工具，用于快速开发和调试Spark应用程序。它是一个集成了Scala解释器的交互式环境，允许用户直接在Shell中执行Spark操作，无须编写完整的Spark应用程序。

Spark Shell提供了许多内置的函数和变量，例如SparkContext和SparkSession对象，这些对象在启动Spark Shell时会自动创建。用户可以直接使用这些对象来访问Spark的功能，例如读取数据、转换数据、执行计算等。

要启动Spark Shell，首先打开终端或命令行界面，并导航到Spark的安装目录；然后，在终端中输入以下命令：

```
./bin/spark-shell
```

该命令将启动一个交互式的Scala环境，并自动创建一个SparkContext和SparkSession对象。这样就可以在Shell中输入Scala代码来执行Spark操作。

除了基本的启动方式外，还可以通过指定一些参数来定制Spark Shell的行为。例如，可以使用--master参数来指定Spark集群的地址，使用--executor-memory和--total-executor-cores参数来指定每个执行器的内存和整个集群使用的CPU核数。这些参数可以更好地控制Spark应用程序在集群上的执行。

需要注意的是，如果启动Spark Shell时没有指定master地址，那么Spark Shell将默认启动本地模式，即仅在本机上启动一个进程，而不与集群建立联系。这对于简单的测试和调试非常有用。本节采用本地模式启动。

3.4.1 RDD 的创建

Spark可以从Hadoop支持的任何存储源中加载数据去创建RDD，包括本地文件系统和HDFS等文件系统。下面通过Spark中的SparkContext对象调用textFile()方法来加载数据并创建RDD。

（1）从文件系统中加载数据并创建RDD：

```
scala> val test=sc.textFile("file:///export/data/test.txt")
test: org.apache.spark.rdd.RDD[String]=file:///export/data/test.txt MapPartitionsRDD[1] at textFile at <console>:24
```

（2）从HDFS中加载数据并创建RDD：

```
scala> val testRDD=sc.textFile("/data/test.txt")
testRDD:org.apache.spark.rdd.RDD[String]=/data/test.txt MapPartitionsRDD[1] at textFile at <console>:24
```

Spark还可以通过并行集合创建RDD，即在一个已经存在的集合数组上，通过SparkContext对象调用parallelize()方法来创建RDD：

```
scala> val array=Array(1,2,3,4,5)
array: Array[Int]=Array(1,2,3,4,5)
scala> val arrRDD=sc.parallelize(array)
arrRDD: org.apache.spark.rdd.RDD[Int]=ParallelcollectionRDD[6] at parallelize at <console>:26
```

3.4.2 RDD 的处理过程

Spark用Scala语言实现了RDD的API，开发者可以通过调用这些API对RDD进行操作。RDD每完成一次转换操作，都会生成新的RDD，以供下一次"转换"操作使用。当最后一个RDD遇到"行动"操作时，Spark会根据所有转换操作的依赖关系进行计算，并将最终结果输出到外部数据源，如HDFS、数据库或文件系统等。如果在处理过程中需要复用中间数据结果，可以使用缓存机制将数据暂存于内存中，以提高后续操作的效率。整个处理过程如图3-5所示。

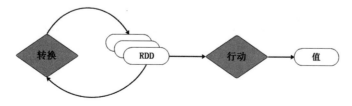

图 3-5 RDD 的处理过程

3.4.3 RDD 的算子

RDD的操作算子包括两类：一类叫作transformation（转换算子），用来对RDD进行转换，构建RDD的依赖关系；另一类叫作action（行动算子），用来触发RDD的计算，得到RDD的相关计算结果，或者将RDD保存到文件系统中。两类算子的区别如表3-1所示。

表 3-1 两类算子的比较

算子	算子函数示例	区别
transformation	map、filter、groupBy、join、union、reduce、sort、partitionBy	返回值还是 RDD，不会马上提交给 Spark 集群运行
action	count、collect、take、save、show	返回值不是 RDD，会形成 DAG，提交给 Spark 集群运行并立即返回结果

算子的功能主要包括：

- 通过转换算子，获取一个新的RDD。
- 通过行动算子，触发Spark Job提交作业。

1．常见的转换算子

常见的转换算子可以分为两类：一类是Value数据类型的转换算子，这种变换不触发提交作业，针对处理的数据项是Value型的数据；另一类是key-value数据类型的转换算子，这种变换也不触发提交作业，针对处理的数据项是Key-Value型的数据。

1）value 型转换算子

常见的value型转换算子如下：

（1）map：

map将数据集中的每个元素通过用户自定义函数转换成一个新的RDD，新的RDD叫作MappedRDD。示例如下：

```
val a = sc.parallelize(List("dog", "salmon", "salmon", "rat", "elephant"), 3)
val b = a.map(_.length)
val c = a.zip(b)
c.collect
```

上面示例中，zip函数用于将两个RDD组合成Key-Value形式的RDD。

结果如下：

```
res0: Array[(String, Int)] = Array((dog,3), (salmon,6), (salmon,6), (rat,3), (elephant,8))
```

（2）flatMap：

flatMap与map类似，但每个元素输入项都可以映射到0个或多个的输出项，最终将结果"扁平化"后输出。示例如下：

```
val a = sc.parallelize(1 to 10, 5)
a.flatMap(1 to _).collect
```

结果如下：

```
res1: Array[Int] = Array(1, 1, 2, 1, 2, 3, 1, 2, 3, 4, 1, 2, 3, 4, 5, 1, 2,
3, 4, 5, 6, 1, 2, 3, 4, 5, 6, 7, 1, 2, 3, 4, 5, 6, 7, 8, 1, 2, 3, 4, 5, 6, 7, 8,
9, 1, 2, 3, 4, 5, 6, 7, 8, 9, 10)
```

又如：

```
sc.parallelize(List(1, 2, 3), 2).flatMap(x => List(x, x, x)).collect
```

结果如下：

```
res2: Array[Int] = Array(1, 1, 1, 2, 2, 2, 3, 3, 3)
```

（3）mapPartitions：

mapPartitions类似于map，但map作用于每个分区的每个元素，而mapPartitions作用于每个分区的func的类型：Iterator[T]=>Iterator[U]。假设有N个元素，有M个分区，那么map的函数将被调用N次，而mapPartitions的函数将被调用M次。当在映射的过程中不断地创建对象时，就可以使用mapPartitions，它比map的效率要高很多。比如向数据库写入数据时，如果使用map，就需要为每个元素创建connection对象，但如果使用mapPartitions，就只需要为每个分区创建connection对象。示例如下：

```
val l = List(("kpop","female"),("zorro","male"),("mobin","male"),
("lucy","female"))
    val rdd = sc.parallelize(l,2)
    rdd.mapPartitions(x => x.filter(_._2 == "female")).foreachPartition(p=>{
        println(p.toList)
        println("====分区分割线====" )
})
```

结果如下：

```
====分区分割线====
List((kpop,female))
====分区分割线====
List((lucy,female))
```

（4）glom：

glom将RDD每个分区中类型为T的元素转换为数组Array[T]。示例如下：

```
val a = sc.parallelize(1 to 100, 3)
a.glom.collect
```

结果如下：

```
res3: Array[Array[Int]] = Array(Array(1, 2, 3, 4, 5, 6, 7, 8, 9, 10, 11, 12, 13, 14, 15, 16, 17, 18, 19, 20, 21, 22, 23, 24, 25, 26, 27, 28, 29, 30, 31, 32, 33), Array(34, 35, 36, 37, 38, 39, 40, 41, 42, 43, 44, 45, 46, 47, 48, 49, 50, 51, 52, 53, 54, 55, 56, 57, 58, 59, 60, 61, 62, 63, 64, 65, 66), Array(67, 68, 69, 70, 71, 72, 73, 74, 75, 76, 77, 78, 79, 80, 81, 82, 83, 84, 85, 86, 87, 88, 89, 90, 91, 92, 93, 94, 95, 96, 97, 98, 99, 100))
```

（5）union：

union将两个RDD中的数据集进行合并，最终返回两个RDD的并集。若RDD中存在相同的元素，也不会去重。示例如下：

```
val a = sc.parallelize(1 to 3, 1)
val b = sc.parallelize(1 to 7, 1)
a.union(b).collect
```

结果如下：

```
res4: Array[Int] = Array(1, 2, 3, 5, 6, 7)
```

（6）cartesian：

cartesian对两个RDD中的所有元素进行笛卡儿积操作。示例如下：

```
val x = sc.parallelize(List(1,2,3,4,5))
val y = sc.parallelize(List(6,7,8,9,10))
x.cartesian(y).collect
```

结果如下：

```
res5: Array[(Int, Int)] = Array((1,6), (1,7), (1,8), (1,9), (1,10), (2,6), (2,7), (2,8), (2,9), (2,10), (3,6), (3,7), (3,8), (3,9), (3,10), (4,6), (5,6), (4,7), (5,7), (4,8), (5,8), (4,9), (4,10), (5,9), (5,10))
```

（7）groupBy：

groupBy用于将RDD中的元素按照自定义规则进行数据分组，具有相同key的数据放在一起。示例如下：

```
val a = sc.parallelize(1 to 9, 3)
```

```
a.groupBy(x => { if (x % 2 == 0) "even" else "odd" }).collect
```

结果如下：

```
res6: Array[(String, Seq[Int])] = Array((even,ArrayBuffer(2, 4, 6, 8)),
(odd,ArrayBuffer(1, 3, 5, 7, 9)))
```

（8）filter：

filter对元素进行过滤，即对每个元素应用指定函数，返回值为true的元素将保留在RDD中，返回值为false的元素将被过滤掉。示例如下：

```
val a = sc.parallelize(1 to 10, 3)
val b = a.filter(_ % 2 == 0)
b.collect
```

结果如下：

```
res7: Array[Int] = Array(2, 4, 6, 8, 10)
```

（9）distinct：

distinct用于去重。示例如下：

```
val c = sc.parallelize(List("Gnu", "Cat", "Rat", "Dog", "Gnu", "Rat"), 2)
c.distinct.collect
```

结果如下：

```
res8: Array[String] = Array(Dog, Gnu, Cat, Rat)
```

（10）subtract：

subtract去掉重复的项。示例如下：

```
val a = sc.parallelize(1 to 9, 3)
val b = sc.parallelize(1 to 3, 3)
val c = a.subtract(b)
c.collect
```

结果如下：

```
res9: Array[Int] = Array(6, 9, 4, 7, 5, 8)
```

2）key-value型转换算子

常用的key-value型转换算子如下：

（1）mapValues：

mapValues是针对[K,V]中的V值进行map操作。示例如下：

```
val a = sc.parallelize(List("dog", "tiger", "lion", "cat", "panther", "eagle"), 2)
val b = a.map(x => (x.length, x))
b.mapValues("x" + _ + "x").collect
```

结果如下:

```
res14: Array[(Int, String)] = Array((3,xdogx), (5,xtigerx), (4,xlionx), (3,xcatx), (7,xpantherx), (5,xeaglex))
```

（2）combineByKey:

combineByKey使用用户设置好的聚合函数对每个key中的value进行组合，可以将输入类型由RDD[(K, V)]转换成RDD[(K, C)]。示例如下:

```
val a = sc.parallelize(List("dog","cat","gnu","salmon","rabbit","turkey","wolf", "bear","bee"), 3)
val b = sc.parallelize(List(1,1,2,2,2,1,2,2,2), 3)
val c = b.zip(a)
val d = c.combineByKey(List(_), (x:List[String], y:String) => y :: x, (x:List[String], y:List[String]) => x ::: y)
d.collect
```

结果如下:

```
res15: Array[(Int, List[String])] = Array((1,List(cat, dog, turkey)), (2,List(gnu, rabbit, salmon, bee, bear, wolf)))
```

（3）reduceByKey:

reduceByKey是一个专门用于键-值对RDD的转换算子，它会识别具有相同键的元素，并将这些元素的值通过一个二元函数（binary function）进行归约（reduce）。归约操作将具有相同键的多个值合并为一个值，然后与相应的键结合，形成一个新的键-值对。示例如下:

```
val a = sc.parallelize(List("dog", "cat", "owl", "gnu", "ant"), 2)
val b = a.map(x => (x.length, x))
b.reduceByKey(_ + _).collect
```

结果如下:

```
res16: Array[(Int, String)] = Array((3,dogcatowlgnuant))
```

又如:

```
val a = sc.parallelize(List("dog", "tiger", "lion", "cat", "panther", "eagle"), 2)
val b = a.map(x => (x.length, x))
b.reduceByKey(_ + _).collect
```

结果如下：

```
res17: Array[(Int, String)] = Array((4,lion), (3,dogcat), (7,panther),
(5,tigereagle))
```

（4）partitionBy：

partitionBy对RDD进行分区操作。示例如下：

```
val rdd1 = sc.makeRDD(Array((1,"a"),(1,"b"),(2,"b"),(3,"c"),(4,"d")),4)
rdd1.partitionBy(new org.apache.spark.HashPartitioner(2)).glom.collect
```

结果如下：

```
 Array[Array[(Int, String)]] = Array(Array((2,b), (4,d)), Array((1,a), (1,b),
(3,c)))
```

（5）cogroup：

cogroup指对两个元素为键-值对的RDD，将每个RDD中具有相同key的元素聚合成一个集合。示例如下：

```
val a = sc.parallelize(List(1, 2, 1, 3), 1)
val b = a.map((_, "b"))
val c = a.map((_, "c"))
b.cogroup(c).collect
```

结果如下：

```
res18:Array[(Int, (Iterable[String], Iterable[String]))] = Array(
(2,(ArrayBuffer(b),ArrayBuffer(c))),
(3,(ArrayBuffer(b),ArrayBuffer(c))),
(1,(ArrayBuffer(b, b),ArrayBuffer(c, c))))
```

（6）join：

join是对两个需要连接的RDD进行cogroup操作。示例如下：

```
val a = sc.parallelize(List("dog", "salmon", "salmon", "rat",
"elephant"), 3)
val b = a.keyBy(_.length)
val c = sc.parallelize(List("dog","cat","gnu","salmon","rabbit","turkey",
"wolf","bear","bee"), 3)
val d = c.keyBy(_.length)
b.join(d).collect
```

结果如下：

```
res19: Array[(Int, (String, String))] = Array((6,(salmon,salmon)),
(6,(salmon,rabbit)), (6,(salmon,turkey)), (6,(salmon,salmon)),
```

```
(6,(salmon,rabbit)), (6,(salmon,turkey)), (3,(dog,dog)), (3,(dog,cat)),
(3,(dog,gnu)), (3,(dog,bee)), (3,(rat,dog)), (3,(rat,cat)), (3,(rat,gnu)),
(3,(rat,bee)))
```

2. 常见的行动算子

行动算子会触发SparkContext提交作业。常见的行动算子如下:

1) foreach

foreach用于打印输出。示例如下:

```
val c = sc.parallelize(List("cat", "dog", "tiger", "lion", "gnu", "crocodile",
"ant", "whale", "dolphin", "spider"), 3)
    c.foreach(x => println(x + "s are yummy"))
```

结果如下:

```
lions are yummy
gnus are yummy
crocodiles are yummy
ants are yummy
whales are yummy
dolphins are yummy
spiders are yummy
```

2) saveAsTextFile

saveAsTextFile用于保存结果到HDFS。示例如下:

```
val a = sc.parallelize(1 to 10000, 3)
a.saveAsTextFile("/user/yuhui/mydata_a")
```

结果如下:

```
[root@tagtic-slave03 ~]# Hadoop fs -ls /user/yuhui/mydata_a
Found 4 items
-rw-r-r- 2 root supergroup 0 2017-05-22 14:28 /user/yuhui/mydata_a/_SUCCESS
-rw-r-r- 2 root supergroup 15558 2017-05-22 14:28
/user/yuhui/mydata_a/part-00000
-rw-r-r- 2 root supergroup 16665 2017-05-22 14:28
/user/yuhui/mydata_a/part-00001
-rw-r-r- 2 root supergroup 16671 2017-05-22 14:28
/user/yuhui/mydata_a/part-00002
```

3) saveAsObjectFile

saveAsObjectFile用于将RDD中的元素序列化成对象,并存储到文件中。对于HDFS,默认采用SequenceFile保存。示例如下:

```
val x = sc.parallelize(1 to 100, 3)
x.saveAsObjectFile("/user/yuhui/objFile")
val y = sc.objectFile[Int]("/user/yuhui/objFile")
y.collect
```

结果如下：

```
res22: Array[Int] = Array[Int] = Array(1, 2, 3, 4, 5, 6, 7, 8, 9, 10, 11, 12,
13, 14, 15, 16, 17, 18, 19, 20, 21, 22, 23, 24, 25, 26, 27, 28, 29, 30, 31, 32,
33, 34, 35, 36, 37, 38, 39, 40, 41, 42, 43, 44, 45, 46, 47, 48, 49, 50, 51, 52,
53, 54, 55, 56, 57, 58, 59, 60, 61, 62, 63, 64, 65, 66, 67, 68, 69, 70, 71, 72,
73, 74, 75, 76, 77, 78, 79, 80, 81, 82, 83, 84, 85, 86, 87, 88, 89, 90, 91, 92,
93, 94, 95, 96, 97, 98, 99, 100)
```

4）collect

collect用于将RDD中的数据收集起来，变成一个数组，仅限数据量比较小的时候使用。示例如下：

```
val c = sc.parallelize(List("Gnu", "Cat", "Rat", "Dog", "Gnu", "Rat"), 2)
c.collect
```

结果如下：

```
res23: Array[String] = Array(Gnu, Cat, Rat, Dog, Gnu, Rat)
```

5）collectAsMap

collectAsMap用于返回hashMap，包含所有RDD中的分片，key如果重复，那后边的元素会覆盖前面的元素。示例如下：

```
val a = sc.parallelize(List(1, 2, 1, 3), 1)
val b = a.zip(a)
b.collectAsMap
```

上面示例中，zip函数用于将两个RDD组合成键-值对形式的RDD。

结果如下：

```
res24: Scala.collection.Map[Int,Int] = Map(2 -> 2, 1 -> 1, 3 -> 3)
```

6）reduceByKeyLocally

reduceByKeyLocally先执行reduce，再执行collectAsMap。示例如下：

```
val a = sc.parallelize(List("dog", "cat", "owl", "gnu", "ant"), 2)
val b = a.map(x => (x.length, x))
b.reduceByKey(_ + _).collect
```

结果如下：

```
res25: Array[(Int, String)] = Array((3,dogcatowlgnuant))
```

7）lookup

lookup用于针对key-value类型的RDD进行查找。示例如下：

```
val a = sc.parallelize(List("dog", "tiger", "lion", "cat", "panther", "eagle"), 2)
val b = a.map(x => (x.length, x))
b.lookup(3)
```

结果如下：

```
res26: Seq[String] = WrappedArray(tiger, eagle)
```

8）count

count用于计算总数。示例如下：

```
val c = sc.parallelize(List("Gnu", "Cat", "Rat", "Dog"), 2)
c.count
```

结果如下：

```
res27: Long = 4
```

9）top(k)

top用于返回最大的*k*个元素。示例如下：

```
val c = sc.parallelize(Array(6, 9, 4, 7, 5, 8), 2)
c.top(2)
```

结果如下：

```
res28: Array[Int] = Array(9, 8)
```

10）reduce

reduce相当于对RDD中的元素进行reduceLeft函数操作。示例如下：

```
val a = sc.parallelize(1 to 100, 3)
a.reduce(_ + _)
```

结果如下：

```
res29: Int = 5050
```

第 4 章
Spark SQL入门实战

Spark SQL的DataFrame API允许我们使用DataFrame来操作和管理数据，DataSet则可以采用更加函数式的API，二者都只需要基本的Scala语法常识即可。因此，本章在讲解DataFrame和DataSet实战体验后，将简单讲解Scala的基本语法和实例，然后讲解Spark SQL的入门实战，包括采用命令行模式和编程方式两种方式。

本章主要知识点：

* DataFrame和DataSet应用实战
* Scala基本语法
* Spark SQL实战体验

4.1 DataFrame和DataSet实战体验

本节主要介绍如何使用DataFrame和DataSet进行编程，以及DataFrame和DataSet之间的关系和转换方法。

4.1.1 SparkSession

在旧版本中，Spark SQL提供两种SQL查询起始点：一个叫作SQLContext，用于Spark自己提供的SQL查询；一个叫作HiveContext，用于连接Hive的查询。

SparkSession是Spark最新的SQL查询起始点，实质上是SQLContext和HiveContext的组合。因此，在SQLContext和HiveContext上可用的API，在SparkSession上同样可以使用。

SparkSession内部封装了SparkContext，所以计算实际上是由SparkContext完成的。

当我们使用Spark Shell的时候，Spark会自动创建一个叫作spark的SparkSession，就像以前可以自动获取一个sc来表示SparkContext一样，如图4-1所示。

```
using builtin-java classes where applicable
19/02/08 09:43:14 WARN ObjectStore: Failed to get database global_temp, returning NoSuchObjectExce
tion
Spark context Web UI available at http://192.168.43.201:4040
Spark context available as 'sc' (master = local[*], app id = local-1549590189505).
Spark session available as 'spark'.
Welcome to
      ____              __
     / __/__  ___ _____/ /__
    _\ \/ _ \/ _ `/ __/  '_/
   /___/ .__/\_,_/_/ /_/\_\   version 2.1.1
      /_/

Using Scala version 2.11.8 (Java HotSpot(TM) 64-Bit Server VM, Java 1.8.0_172)
Type in expressions to have them evaluated.
Type :help for more information.
```

图 4-1　自动创建 SparkSession

4.1.2　DataFrame 应用

Spark SQL的DataFrame API允许我们使用DataFrame而不必去注册临时表或者生成SQL表达式。DataFrame API既有转换操作，也有行动操作；DataSet API则提供了更加函数式的API。

1. 创建DataFrame

有了SparkSession之后，可以通过以下3种方式来创建DataFrame：

- 通过Spark的数据源来创建。
- 通过已知的RDD来创建。
- 通过查询一个Hive表来创建。

Spark支持的数据源如图4-2所示。

```
scala> spark.read.
csv      jdbc   load     options   parquet   table   textFile
format   json   option   orc       schema    text
```

图 4-2　Spark 支持的数据源

通过Spark数据源创建DataFrame的代码如下：

```
// 读取 JSON 文件
scala> val df = spark.read.json("/opt/module/spark-local/examples/src/main/
resources/employees.json")
df: org.apache.spark.sql.DataFrame = [name: string, salary: bigint]
// 展示结果
scala> df.show
+-------+------+
```

```
|    name|salary|
+-------+------+
|Michael|  3000|
|   Andy|  4500|
| Justin|  3500|
|  Berta|  4000|
+-------+------+
```

其中，employees.json文件内容如下：

```
{"name":"Michael", "salary":3000}
{"name":"Andy", "salary":4500}
{"name":"Justin", "salary":3500}
{"name":"Berta", "salary":4000}
```

2. DataFrame语法风格

1）SQL 语法风格

SQL语法风格是指我们查询数据的时候可以使用SQL语句。这种SQL语句风格的查询必须有临时视图或者全局视图来辅助。

创建视图的数据来源于people.json，其内容如下：

```
{"name":"Michael"}
{"name":"Andy", "age":30}
{"name":"Justin", "age":19}
```

创建临时视图的代码如下：

```
scala> val df = spark.read.json("/opt/module/spark-local/examples/src/main/resources/people.json")
df: org.apache.spark.sql.DataFrame = [age: bigint, name: string]

scala> df.createOrReplaceTempView("people")

scala> spark.sql("select * from people").show
+----+-------+
| age|   name|
+----+-------+
|null|Michael|
|  30|   Andy|
|  19| Justin|
+----+-------+
```

> **注意**
>
> （1）临时视图只能在当前Session中有效，在新的Session中无效。
>
> （2）可以创建全局视图。访问全局视图需要全路径，如global_temp.xxx。

创建全局视图的代码如下：

```
scala> val df = spark.read.json("/opt/module/spark-local/examples/src/main/resources/people.json")
df: org.apache.spark.sql.DataFrame = [age: bigint, name: string]

scala> df.createGlobalTempView("people")

scala> spark.sql("select * from global_temp.people")
res31: org.apache.spark.sql.DataFrame = [age: bigint, name: string]

scala> res31.show
+----+-------+
| age|   name|
+----+-------+
|null|Michael|
|  30|   Andy|
|  19| Justin|
+----+-------+
```

2）DSL 语法风格

DataFrame 提供一个特定领域语言（domain-specific language，DSL）去管理结构化的数据。可以在 Scala、Java、Python 和 R 中使用 DSL。使用 DSL 语法风格就不必创建临时视图了。

（1）查看 schema 信息，示例代码如下：

```
scala> val df = spark.read.json("/opt/module/spark-local/examples/src/main/resources/people.json")
df: org.apache.spark.sql.DataFrame = [age: bigint, name: string]

scala> df.printSchema
root
 |-- age: long (nullable = true)
 |-- name: string (nullable = true)
```

（2）使用 DSL 查询，示例代码如下：

只查询 name 列数据：

```
scala> df.select($"name").show
+-------+
|   name|
+-------+
|Michael|
|   Andy|
| Justin|
+-------+

scala> df.select("name").show
+-------+
```

```
|   name|
+-------+
|Michael|
|   Andy|
| Justin|
```

查询name和age列数据：

```
scala> df.select("name", "age").show
+-------+----+
|   name| age|
+-------+----+
|Michael|null|
|   Andy|  30|
| Justin|  19|
+-------+----+
```

查询name和age + 1的数据：

```
scala> df.select($"name", $"age" + 1).show
+-------+---------+
|   name|(age + 1)|
+-------+---------+
|Michael|     null|
|   Andy|       31|
| Justin|       20|
+-------+---------+
```

> **注意** 涉及运算的时候，每列都必须使用$。

查询age大于20的数据：

```
scala> df.filter($"age" > 21).show
+---+----+
|age|name|
+---+----+
| 30|Andy|
+---+----+
```

按照age分组，查看数据条数：

```
scala> df.groupBy("age").count.show
+----+-----+
| age|count|
+----+-----+
|  19|    1|
|null|    1|
```

```
| 30|    1|
+----+-----+
```

3. RDD和DataFrame的交互

1) 从 RDD 到 DataFrame

涉及RDD、DataFrame、DataSet之间的操作时，需要进行导入，即import spark.implicits._。这里的spark不是包名，而是表示SparkSession的那个对象，所以必须先创建SparkSession对象再导入；implicits是一个内部对象。

首先创建一个RDD：

```
scala> val rdd1 = sc.textFile("/opt/module/spark-local/examples/src/main/resources/people.txt")
rdd1: org.apache.spark.rdd.RDD[String] = /opt/module/spark-local/examples/src/main/resources/people.txt MapPartitionsRDD[10] at textFile at <console>:24
```

然后进行转换，转换有3种方法：手动转换、通过样例类反射转换和通过API的方式转换。

（1）手动转换。

示例代码如下：

```
scala> val rdd2 = rdd1.map(line => { val paras = line.split(", "); (paras(0), paras(1).toInt) })
rdd2: org.apache.spark.rdd.RDD[(String, Int)] = MapPartitionsRDD[11] at map at <console>:26
// 转换为DataFrame的时候手动指定每个数据字段名
scala> rdd2.toDF("name", "age").show
+-------+---+
|   name|age|
+-------+---+
|Michael| 29|
|   Andy| 30|
| Justin| 19|
+-------+---+
```

（2）通过样例类反射转换。

首先创建样例类：

```
scala> case class People(name :String, age: Int)
defined class People
```

然后使用样例把RDD转换成DataFrame：

```
scala> val rdd2 = rdd1.map(line => { val paras = line.split(", "); People(paras(0), paras(1).toInt) })
```

```
rdd2: org.apache.spark.rdd.RDD[People] = MapPartitionsRDD[6] at map at
<console>:28
scala> rdd2.toDF.show
+-------+---+
|   name|age|
+-------+---+
|Michael| 29|
|   Andy| 30|
| Justin| 19|
+-------+---+
```

（3）通过API的方式转换。

通过API方式转换不能在spark命令行下进行，需要编写完整的Scala程序代码，示例代码如下：

代码4-1　DataFrameDemo.scala

```scala
import org.apache.spark.SparkContext
import org.apache.spark.rdd.RDD
import org.apache.spark.sql.types.{IntegerType, StringType, StructField, StructType}
import org.apache.spark.sql.{DataFrame, Dataset, Row, SparkSession}
object DataFrameDemo {
    def main(args: Array[String]): Unit = {
        val spark: SparkSession = SparkSession.builder()
            .master("local[*]")
            .appName("Word Count")
            .getOrCreate()
        val sc: SparkContext = spark.sparkContext
        val rdd: RDD[(String, Int)] = sc.parallelize(Array(("lisi", 10), ("zs", 20), ("zhiling", 40)))
        // 映射出来一个 RDD[Row]，因为 DataFrame其实就是 DataSet[Row]
        val rowRdd: RDD[Row] = rdd.map(x => Row(x._1, x._2))
        // 创建 StructType 类型
        val types = StructType(Array(StructField("name", StringType), StructField("age", IntegerType)))
        val df: DataFrame = spark.createDataFrame(rowRdd, types)
        df.show
    }
}
```

2）从 DataFrame 到 RDD

直接调用DataFrame的rdd方法就能完成转换。示例代码如下：

```
scala> val df = spark.read.json("/opt/module/spark-local/examples/src/main/resources/people.json")
```

```
df: org.apache.spark.sql.DataFrame = [age: bigint, name: string]
scala> val rdd = df.rdd
rdd: org.apache.spark.rdd.RDD[org.apache.spark.sql.Row] =
MapPartitionsRDD[6] at rdd at <console>:25

scala> rdd.collect
res0: Array[org.apache.spark.sql.Row] = Array([null,Michael], [30,Andy],
[19,Justin])
```

> 说明 得到的RDD中存储的数据类型是org.apache.spark.sql.Row。

4.1.3 DataSet 应用

DataSet和RDD类似，但是DataSet没有使用Java序列化或者Kryo序列化，而是使用一种专门的编码器去序列化对象，然后在网络上处理或者传输。虽然编码器和标准序列化都负责将对象转换成字节，但编码器是动态生成代码，使用的格式允许Spark执行许多操作，如过滤、排序和哈希，而无须将字节反序列化回对象。

DataSet是强类型的数据集合，需要提供对应的类型信息。

1. 创建DataSet

1）使用样例类的序列得到 DataSet

示例代码如下：

```
scala> case class Person(name: String, age: Int)
defined class Person
// 为样例类创建一个编码器
scala> val ds = Seq(Person("lisi", 20), Person("zs", 21)).toDS
ds: org.apache.spark.sql.Dataset[Person] = [name: string, age: int]
scala> ds.show
+----+---+
|name|age|
+----+---+
|lisi| 20|
|  zs| 21|
+----+---+
```

2）使用基本类型的序列得到 DataSet

示例代码如下：

```
// 基本类型的编码被自动创建
importing spark.implicits._
scala> val ds = Seq(1,2,3,4,5,6).toDS
ds: org.apache.spark.sql.Dataset[Int] = [value: int]
```

```
scala> ds.show
+-----+
|value|
+-----+
|    1|
|    2|
|    3|
|    4|
|    5|
|    6|
+-----+
```

> **说明** 在实际使用的时候,很少把序列转换成DataSet,更多的是通过RDD来得到DataSet。

2. RDD和DataSet的交互

1）从 RDD 到 DataSet

使用反射来推断包含特定类型对象的RDD的schema。这种基于反射的方法可以生成更简洁的代码,并且如果在编写Spark应用程序时已经知道模式,这种方法可以很好地工作。

为Spark SQL设计的Scala API可以自动地把包含样例类的RDD转换成DataSet。样例类定义了表结构,样例类参数名通过反射被读取到,然后成为列名。样例类可以被嵌套,也可以包含复杂类型,像Seq或者Array。

示例代码如下:

```
scala> val peopleRDD = sc.textFile("examples/src/main/resources/people.txt")
peopleRDD: org.apache.spark.rdd.RDD[String] = examples/src/main/resources/people.txt MapPartitionsRDD[1] at textFile at <console>:24

scala> case class Person(name: String, age: Long)
defined class Person

scala> peopleRDD.map(line => {val para = line.split(",");Person(para(0),para(1).trim.toInt)}).toDS
res0: org.apache.spark.sql.Dataset[Person] = [name: string, age: bigint]
```

2）从 DataSet 到 RDD

要将DataSet转换为RDD,调用rdd方法即可。示例代码如下:

```
scala> val ds = Seq(Person("lisi", 40), Person("zs", 20)).toDS
ds: org.apache.spark.sql.Dataset[Person] = [name: string, age: bigint]

// 把DataSet转换成RDD
scala> val rdd = ds.rdd
```

```
rdd: org.apache.spark.rdd.RDD[Person] = MapPartitionsRDD[8] at rdd at
<console>:27

scala> rdd.collect
res5: Array[Person] = Array(Person(lisi,40), Person(zs,20))
```

4.1.4 DataFrame 和 DataSet 之间的交互

1. 从 DataFrame到DataSet

从DataFrame到DataSet的转换可以通过as操作实现。示例代码如下:

```
scala> val df = spark.read.json("examples/src/main/resources/people.json")
df: org.apache.spark.sql.DataFrame = [age: bigint, name: string]

scala> case class People(name: String, age: Long)
defined class People

// 将DataFrame 转换成 DataSet
scala> val ds = df.as[People]
ds: org.apache.spark.sql.Dataset[People] = [age: bigint, name: string]
```

2. 从DataSet到DataFrame

在Spark中,从DataSet转换回DataFrame使用toDF方法。示例代码如下:

```
scala> case class Person(name: String, age: Long)
defined class Person

scala> val ds = Seq(Person("Andy", 32)).toDS()
ds: org.apache.spark.sql.Dataset[Person] = [name: string, age: bigint]

scala> val df = ds.toDF
df: org.apache.spark.sql.DataFrame = [name: string, age: bigint]

scala> df.show
+----+---+
|name|age|
+----+---+
|Andy| 32|
+----+---+
```

4.2 Scala开发环境搭建及其基础编程

Spark SQL的入门实战包括命令行模式和编程方式两种,本书综合项目实战中也有部分编程实现的内容,它们均用Scala语言实现。因此本节先介绍IDEA(全称为IntelliJ IDEA,是Java

编程语言的集成开发环境）下的Scala开发环境搭建及其基础编程。由于篇幅有限，这里仅简单介绍，想要深入了解Scala语言，还需要根据相关资料全面学习。

4.2.1 开发环境搭建

可以在IDEA中使用Scala、Java、Python开发Spark应用。本节介绍Scala开发环境的搭建方法。

在启动Spark时，会看到如下信息：

```
Using Scala version 2.12.17 (Java HotSpot(TM) 64-Bit Server VM, Java 1.8.0_361)
Type in expressions to have them evaluated.
Type :help for more information.
```

说明当前Spark所使用的Scala的版本为2.12.17，JDK的版本为1.8.0。

开发Scala程序时，需要在本地安装Scala环境；如果使用IDEA开发环境，还需要在IDEA中安装Scala插件。安装Scala时，就像是安装JDK环境一样，也需要配置Scala的环境变量。

1. 安装Scala

步骤01 下载Scala安装包。因为Spark 3.3.1使用的是Scala 2.12版本，所以这里的下载地址如下：

https://www.scala-lang.org/download/2.12.17.html
https://downloads.lightbend.com/scala/2.12.17/scala-2.12.17.zip

步骤02 解压并配置SCALA_HOME环境变量：

```
SCALA_HOME=D:\programfiles\scala-2.12.17
PATH=%SCALA_HOME%\bin
```

步骤03 打开CMD命令行，查看Scala版本：

```
C:\>scala -version
Scala code runner version 2.12.17 -- Copyright 2002-2016, LAMP/EPFL and Lightbend, Inc.
```

步骤04 运行scala命令，进入Scala命令行：

```
D:\a>scala
Welcome to Scala 2.12.17 (Java HotSpot(TM) 64-Bit Server VM, Java 1.8.0_361).
Type in expressions for evaluation. Or try :help.
scala> 1+1
res0: Int = 2
```

2. 在IDEA中安装Scala插件

检查自己安装的IDEA的版本，并安装对应的Scala插件，如图4-3所示。

图 4-3　安装 Scala 插件

3. 开发 Spark 程序

步骤 01　在 IDEA 中创建项目模块 chap01，添加 Scala 的支持，如图 4-4 和图 4-5 所示。

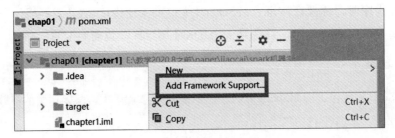

图 4-4　添加 Scala 的支持 1

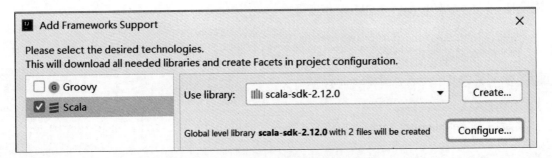

图 4-5　添加 Scala 的支持 2

步骤 02　在 main 目录下创建 scala 目录，并设置为 resource root，如图 4-6 所示。

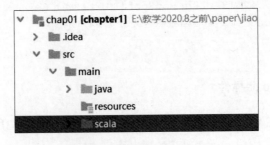

图 4-6　创建 scala 目录

步骤 03 在pom.xml中添加依赖：

```xml
<dependency>
    <groupId>org.apache.spark</groupId>
    <artifactId>spark-core_2.12</artifactId>
    <version>3.3.1</version>
</dependency>
```

步骤 04 在pom.xml中添加编译JDK为1.8的插件（可选）：

```xml
<plugin>
    <groupId>org.apache.maven.plugins</groupId>
    <artifactId>maven-compiler-plugin</artifactId>
    <version>3.8.0</version>
    <configuration>
        <source>1.8</source>
        <target>1.8</target>
    </configuration>
</plugin>
```

步骤 05 在pom.xml中添加打包Scala到JAR文件的插件：

```xml
<plugin>
    <groupId>net.alchim31.maven</groupId>
    <artifactId>scala-maven-plugin</artifactId>
    <version>4.4.1</version>
    <executions>
        <execution>
            <goals>
                <goal>compile</goal>
                <goal>testCompile</goal>
            </goals>
        </execution>
    </executions>
</plugin>
```

4. 测试Scala程序

步骤 01 打开IDEA，创建一个Scala程序HelloScala，代码如下：

```
1.  object HelloScala {
2.    def main(args: Array[String]): Unit = {
3.      println("Hello Scala")
4.    }
5.  }
```

步骤 02 在IDEA中直接运行HelloScala，并输出结果：

```
Hello Scala
Process finished with exit code 0
```

步骤 03 直接使用maven打包，如图4-7所示。

步骤 04 将JAR文件放到任意目录下，因为需要Scala包的支持，所以使用java -cp运行HelloScala时，必须先在命令行上添加Scala的支持包再运行：

```
D:\a>java -cp spark-1.0.jar;%SCALA_HOME%\lib\* cn.isoft.HelloScala
Hello Scala..
```

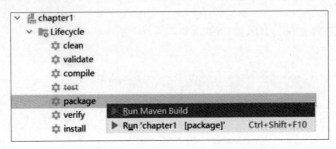

图4-7 打包

4.2.2 Scala 基础编程

1. 基本语法

如果读者之前学过Java语言并了解Java语言的基础知识，那么很快就能学会Scala的基础语法。Scala与Java之间大体相似，只是有些小的区别，比如Scala语句末尾的英文分号（;）是可选的。我们可以认为Scala程序是对象的集合，通过调用彼此的方法来实现消息的传递。下面将详细介绍Scala语言的基础语法和编程常识。

1）注释

注释有单行注释和多行注释。示例如下：

```
// 单行注释开始于两个斜杠
/*
 *  多行注释，如之前所见，看起来像这样
 */
```

2）打印

打印分两种：强制换行的打印和没有强制换行的打印。示例如下：

```
//打印并强制换行
println("Hello world!")
println(10)
// 没有强制换行的打印
print("Hello world")
```

3)变量

通过var或者val来声明变量：val声明的是不可变的变量，var声明的是可变的变量。不可变的变量非常有用。示例如下：

```
val x = 10      // x现在是10
x = 20          // 错误：对val声明的变量重新赋值
var y = 10
y = 20          // y 现在是 20
```

4）数据类型

Scala与Java有着相同的数据类型，表4-1列出了Scala支持的数据类型。

表4-1　Scala 支持的数据类型

数据类型	描　　述
Byte	8 位有符号补码整数。数值区间为 –128 到 127
Short	16 位有符号补码整数。数值区间为 –32768 到 32767
Int	32 位有符号补码整数。数值区间为 –2147483648 到 2147483647
Long	64 位有符号补码整数。数值区间为 –9223372036854775808 到 9223372036854775807
Float	32 位，IEEE 754 标准的单精度浮点数
Double	64 位，IEEE 754 标准的双精度浮点数
Char	16 位无符号 Unicode 字符，区间值为 U+0000 到 U+FFFF
String	字符序列
Boolean	true 或 false
Unit	表示无值，和其他语言中 void 等同。用作不返回任何结果的方法的结果类型。Unit 只有一个实例值，写成()
Null	null 或空引用
Nothing	Nothing 类型在 Scala 的类层级的最底端；它是任何其他类型的子类型
Any	Any 是所有其他类的超类
AnyRef	AnyRef 类是 Scala 里所有引用类（reference class）的基类

Scala数据类型设置示例如下：

```
val z: Int = 10
val a: Double = 1.0
```

注意从Int到Double的自动转型，以下示例结果是10.0，不是10：

```
val b: Double = 10.0
```

布尔值：

```
true
False
```

布尔操作:

```
!true          // false
!false         // true
true == false  // false
10 > 5         // true
```

5）运算符

Scala与Java中的运算符相同。使用运算符进行数学运算:

```
1 + 1     // 2
2 - 1     // 1
5 * 3     // 15
6 / 2     // 3
6 / 4     // 1
6.0 / 4   // 1.5
```

6）字符串

Scala的字符串被英文双引号引起来,不存在单引号字符串。

字符串有常见的Java字符串方法,例如:

```
"hello world".length
"hello world".substring(2, 6)
"hello world".replace("C", "3")
```

也有一些额外的Scala方法,例如:

```
"hello world".take(5)
"hello world".drop(5)
```

改写字符串时留意前缀"s":

```
val n = 45
s"We have $n apples"  // => "We have 45 apples"
```

在要改写的字符串中使用表达式也是可以的:

```
val a = Array(11, 9, 6)
s"My second daughter is ${a(0) - a(2)} years old." // => "My second daughter is 5 years old"
s"We have double the amount of ${n / 2.0} in apples." // => "We have double the amount of 22.5 in apples."
s"Power of 2: ${math.pow(2, 2)}" // => "Power of 2: 4"
```

添加"f"前缀对要改写的字符串进行格式化:

```
f"Power of 5: ${math.pow(5, 2)}%1.0f" // "Power of 5: 25"
f"Square root of 122: ${math.sqrt(122)}%1.4f" //"Square root of 122: 11.0454"
```

对未处理的字符串，忽略特殊字符：

```
raw"New line feed: \n. Carriage return: \r." // => "New line feed: n. Carriage return: r."
```

一些字符需要转义，可以使用转义字符"\"。比如转义字符串中的双引号：

```
"They stood outside the \"Rose and Crown\"" // => "They stood outside the "Rose and Crown""
```

三个双引号可以使字符串跨越多行，并包含引号：

```
val html = """<form id="daform">
<p>Press belo', Joe</p>
<input type="submit">
</form>"""
```

2. 函数

函数是一组一起执行一个任务的语句。我们可以把代码划分到不同的函数中。如何划分代码到不同的函数中由我们自己决定，但在逻辑上，划分通常是根据每个函数要执行一个特定的任务来进行的。

Scala有函数和方法，二者在语义上的区别很小：Scala方法是类的一部分，而函数是一个对象，可以赋值给一个变量。换句话来说，在类中定义的函数即是方法。

我们可以在任何地方定义函数，甚至可以在函数内定义函数（内嵌函数），更重要的一点是，Scala函数名可以使用特殊字符，如+、++、~、&、-、--、\、/、:等。

1）函数声明

Scala函数声明格式如下：

```
def functionName ([参数列表]) : [return type] { }
```

如果不写等于号和方法主体，那么方法会被隐式声明为"抽象"（abstract），于是包含它的类型也是一个抽象类型。

2）函数定义

函数定义由一个def关键字开始，紧接着是可选的参数列表、一个英文冒号（:）、函数的返回类型、一个等于号（=），最后是函数的主体。

Scala函数定义格式如下：

```
def functionName ([参数列表]) : [return type] = {
   function body
   return [expr]
}
```

其中return type可以是任意合法的Scala数据类型，参数列表中的参数可以使用逗号分隔。以下函数的功能是对传入的两个参数进行相加并求和：

```
object add{
   def addInt( a:Int, b:Int ) : Int = {
      var sum:Int = 0
      sum = a + b
      return sum
   }
}
```

如果函数没有返回值，那么可以返回Unit，这个关键字类似于Java的void。示例如下：

```
object Hello{
   def printMe( ) : Unit = {
      println("Hello, Scala!")
   }
}
```

3）函数调用

Scala提供了多种函数调用方式。

函数调用的标准格式如下：

functionName(参数列表)

如果函数使用了实例的对象来调用，那么我们可以使用类似Java的调用格式（使用"."）：

[instance.]functionName(参数列表)

函数调用示例代码如下：

代码4-2　TestFunc.scala

```
object TestFunc {
   def main(args: Array[String]) {
      println( "Returned Value : " + addInt(5,7) );
   }
   def addInt( a:Int, b:Int ) : Int = {
      var sum:Int = 0
      sum = a + b
      return sum
   }
}
```

执行以上代码，输出结果为：

```
Returned Value : 12
```

3. 控制语句

1）控制语句变量的使用

Scala对点和括号的要求非常宽松（注意，它们的规则是不同的），这有助于写出读起来像英语的DSL（领域特定语言）和API（应用编程接口）。测试代码如代码4-3和代码4-4所示。

代码4-3　Test Foreach.scala

```
val r = 1 to 5
r.foreach( println )
```

执行以上代码，输出结果为：

1,2,3,4,5

代码4-4　Test Foreach2.scala

```
(5 to 1 by -1) foreach ( println )
```

执行以上代码，输出结果为：

5,4,3,2,1,

2）while 循环

while循环是运行一系列语句，如果条件为true，就重复运行，直到条件变为false。测试代码如代码4-5所示。

代码4-5　TestWhile.scala

```
var i = 0
while (i < 10) { println("i " + i); i+=1 }
```

执行以上代码，输出结果为：

i 0
i 1
i 2
i 3
i 4
i 5
i 6
i 7
i 8
i 9

3）do while 循环

do while循环类似while语句，区别在于判断循环条件之前，do while循环先执行一次循环的代码块。测试代码如代码4-6所示。

代码4-6　TestDoWhile.scala

```scala
var x = 0;
do {
   println(x + " is still less than 10");
      x += 1
} while (x < 10)
```

执行以上代码，输出结果为：

```
0 is still less than 10
1 is still less than 10
2 is still less than 10
3 is still less than 10
4 is still less than 10
5 is still less than 10
6 is still less than 10
7 is still less than 10
8 is still less than 10
9 is still less than 10
```

4）for 循环

for循环允许编写一个执行指定次数的循环控制结构。测试代码如代码4-7所示。

代码4-7　TestFor.scala

```scala
def main(args: Array[String]) {
   var a = 0;
   // for 循环
   for( a <- 1 to 10){
      println( "Value of a: " + a );
   }
}
```

执行以上代码，输出结果为：

```
value of a: 1
value of a: 2
value of a: 3
value of a: 4
value of a: 5
value of a: 6
value of a: 7
value of a: 8
value of a: 9
value of a: 10
```

5）条件语句

Scala的if...else语句通过一条或多条语句的执行结果（true或者false）来决定执行的代码块。测试代码如代码4-8所示。

代码4-8　Test If-else.scala

```
val x = 10
if (x == 1) println("yeah")
if (x == 10) println("yeah")
if (x == 11) println("yeah")
if (x == 11) println ("yeah") else println("nay")
println(if (x == 10) "yeah" else "nope")
val text = if (x == 10) "yeah" else "nope"
```

执行以上代码，输出结果为：

```
yeah
nay
yeah
```

6）break 语句

当在循环中使用break语句并执行到该语句时，就会中断循环并执行循环体之后的代码块。Scala语言中默认是没有break语句的，但是在Scala 2.8版本后可以使用另外一种方式来实现break语句。

Scala中break的语法格式如下：

```
// 导入以下包
import scala.util.control._
// 创建 Breaks 对象
val loop = new Breaks;
// 在 breakable 中循环
loop.breakable{
    // 循环
    for(...){
    ....
      // 循环中断
      loop.break;
    }
}
```

测试代码如代码4-9所示。

代码4-9　TestBreak.scala

```
import scala.util.control._
object TestBreak {
  def main(args: Array[String]) {
```

```
        var a = 0;
        val numList = List(1,2,3,4,5,6,7,8,9,10);
        val loop = new Breaks;
        loop.breakable {
          for( a <- numList){
            println( "Value of a: " + a );
            if( a == 4 ){
              loop.break;
            }
          }
        }
        println( "After the loop" );
    }
}
```

执行以上代码，输出结果为：

```
Value of a: 1
Value of a: 2
Value of a: 3
Value of a: 4
After the loop
```

4. 函数式编程

1）Array（数组）

Scala数组声明的语法格式如下：

```
var z:Array[String] = new Array[String](3)
```

或

```
var z = new Array[String](3)
```

数组的元素类型和数组的大小都是确定的，所以在处理数组元素时，我们通常使用基本的for循环来遍历数组元素。

代码4-10演示了数组的创建、初始化等处理过程。

代码4-10　TestArray1.scala

```
object TestArray1 {
    def main(args: Array[String]) {
      var myList = Array(1.9, 2.9, 3.4, 3.5)
        // 输出所有数组元素
      for ( x <- myList ) {
        println( x )
      }
        // 计算数组中所有元素的总和
      var total = 0.0;
```

```
        for ( i <- 0 to (myList.length - 1)) {
           total += myList(i);
        }
        println("总和为 " + total);
        // 查找数组中的最大元素
        var max = myList(0);
        for ( i <- 1 to (myList.length - 1) ) {
           if (myList(i) > max) max = myList(i);
        }
        println("最大值为 " + max);
    }
}
```

执行以上代码，输出结果为：

```
1.9
2.9
3.4
3.5
总和为 11.7
最大值为 3.5
```

2）List（列表）

List的特征是其元素以线性方式存储，列表中可以存放重复对象。

以下列出了多种类型的列表：

```
// 字符串列表
val site: List[String] = List("mrchi的博客", "Google", "Baidu")
// 整型列表
val nums: List[Int] = List(1, 2, 3, 4)
// 空列表
val empty: List[Nothing] = List()
// 二维列表
val dim: List[List[Int]] =
  List(
    List(1, 0, 0),
    List(0, 1, 0),
    List(0, 0, 1)
  )
```

对于Scala列表的任何操作都可以使用head、tail、isEmpty这3个基本操作来表达，示例如下：

代码4-11 TestList.scala

```
object TestList {
    def main(args: Array[String]) {
      val site = "mrchi的博客" :: ("Google" :: ("Baidu" :: Nil))
      val nums = Nil
      println( "第一网站是 : " + site.head )
```

```
    println( "最后一个网站是 : " + site.tail )
    println( "查看列表 site 是否为空 : " + site.isEmpty )
    println( "查看 nums 是否为空 : " + nums.isEmpty )
  }
}
```

执行以上代码,输出结果为:

```
第一网站是 : mrchi的博客
最后一个网站是 : List(Google, Baidu)
查看列表 site 是否为空 : false
查看 nums 是否为空 : true
```

3) Set(集合)

Set是最简单的一种集合。Set集合中的对象不按特定的方式排序,并且没有重复对象。

对于Scala集合的任何操作都可以使用head、tail、isEmpty这3个基本操作来表达,示例如下:

代码4-12 TestSet.scala

```
object TestSet {
  def main(args: Array[String]) {
    val site = Set("mrchi的博客", "Google", "Baidu")
    val nums: Set[Int] = Set()
    println( "第一网站是 : " + site.head )
    println( "最后一个网站是 : " + site.tail )
    println( "查看列表 site 是否为空 : " + site.isEmpty )
    println( "查看 nums 是否为空 : " + nums.isEmpty )
  }
}
```

执行以上代码,输出结果为:

```
第一网站是 : mrchi的博客
最后一个网站是 : Set(Google, Baidu)
查看列表 site 是否为空 : false
查看 nums 是否为空 : true
```

4) Map(映射)

Map是一种映射键对象和值对象的集合,它的每一个元素都包含一对键对象和值对象。

映射操作可以通过key、values、isEmpty这3个方法来表达,示例如下:

代码4-13 TestMap.scala

```
object TestMap {
  def main(args: Array[String]) {
    val colors = Map("red" -> "#FF0000",
                     "azure" -> "#F0FFFF",
                     "peru" -> "#CD853F")
```

```
        val nums: Map[Int, Int] = Map()
        println( "colors 中的键为 : " + colors.keys )
        println( "colors 中的值为 : " + colors.values )
        println( "检测 colors 是否为空 : " + colors.isEmpty )
        println( "检测 nums 是否为空 : " + nums.isEmpty )
    }
}
```

执行以上代码，输出结果为：

```
colors 中的键为 : Set(red, azure, peru)
colors 中的值为 : MapLike(#FF0000, #F0FFFF, #CD853F)
检测 colors 是否为空 : false
检测 nums 是否为空 : true
```

5）元组

元组是不同类型的值的集合。与列表一样，元组也是不可变的。但与列表不同的是，元组可以包含不同类型的元素。

元组的值是通过将单个的值包含在圆括号中构成的。例如：

```
val t = (1, 3.14, "Fred")
```

表示在元组中定义了3个元素，对应的类型分别为[Int, Double, java.lang.String]。

此外，也可以使用以下方式来定义元组：

```
val t = new Tuple3(1, 3.14, "Fred")
```

可以使用t._1访问第一个元素，使用t._2访问第二个元素，以此类推。

元组的示例代码如下：

代码4-14　TestTuple.scala

```
object TestTuple {
    def main(args: Array[String]) {
        val t = (4,3,2,1)
        val sum = t._1 + t._2 + t._3 + t._4
        println( "元素之和为: " + sum )
    }
}
```

执行以上代码，输出结果为：

```
元素之和为: 10
```

6) Option

Option[T]表示有可能包含值的容器，当然也可能不包含值。Scala Iterator（迭代器）不是一个容器，更确切地说它是逐一访问容器内元素的方法。Scala Option（选项）类型用来表示一个值是可选的（有值或无值）。

Option[T]是一个类型为T的可选值的容器：如果值存在，那么Option[T]就是一个Some[T]；如果不存在，那么Option[T]就是对象None。

接下来看一段代码：

```scala
// 虽然 Scala 可以不定义变量的类型，不过为了清楚些，还是把它显示地定义上
val myMap: Map[String, String] = Map("key1" -> "value")
val value1: Option[String] = myMap.get("key1")
val value2: Option[String] = myMap.get("key2")
println(value1) // Some("value1")
println(value2) // None
```

代码解析：

（1）在上面的代码中，myMap是一个键的类型是String、值的类型是String的hash map，但不一样的是它的get()返回的是一个Option[String]类别。

（2）Scala使用Option[String]来告诉我们："我会想办法回传一个String，但也可能没有String给你。"

（3）myMap里并没有key2数据，因此get()方法返回None。

Option有两个子类别，一个是Some，一个是None：当它回传Some的时候，代表这个函数成功地给了我们一个String，而我们可以通过get()函数拿到那个String；如果它返回的是None，则代表没有字符串可以给我们。

示例代码如下：

代码4-15　TestOption.scala

```scala
object Test {
    def main(args: Array[String]) {
        val sites = Map("余辉" -> "mrchi的博客", "google" -> "www.google.com")
        println("sites.get( \"余辉\" ) : " + sites.get( "余辉" )) // Some(www.runoob.com)
        println("sites.get( \"baidu\" ) : " + sites.get( "baidu" )) // None
    }
}
```

执行以上代码，输出结果为：

```
sites.get( "runoob" ) : Some(mrchi的博客)
sites.get( "baidu" ) : None
```

此外，也可以通过模式匹配来输出匹配值，示例代码如下：

代码4-16　TestOption2.scala

```scala
object Test {
  def main(args: Array[String]) {
    val sites = Map("余辉" -> "mrchi的博客", "google" -> "www.google.com")
    println("show(sites.get( \"余辉\")) : " +
      show(sites.get( "余辉")) )
    println("show(sites.get( \"baidu\")) : " +
      show(sites.get( "baidu")) )
  }
  def show(x: Option[String]) = x match {
    case Some(s) => s
    case None => "?"
  }
}
```

执行以上代码，输出结果为：

```
show(sites.get( "余辉")) : mrchi的博客
show(sites.get( "baidu")) : ?
```

5．类和对象

1）类的定义

类是对象的抽象，而对象是类的具体实例。类是抽象的，不占用内存，而对象是具体的，占用存储空间。类是用于创建对象的蓝图，是一个定义许多具有共性特征和行为的对象的软件模板。

Scala中的类不声明为public，一个Scala源文件中可以有多个类。我们可以使用new关键字来创建类的对象。示例如下：

```scala
class Point(xc: Int, yc: Int) {
  var x: Int = xc
  var y: Int = yc
  def move(dx: Int, dy: Int) {
    x = x + dx
    y = y + dy
    println ("x 的坐标点: " + x);
    println ("y 的坐标点: " + y);
  }
}
```

示例中类定义了两个变量，即x和y；还定义了一个方法move，该方法没有返回值。

Scala的类定义可以有参数，称之为类参数，如上述示例中的xc、yc，类参数在整个类中都可以访问。

下面使用new来实例化类，并访问类中的方法和变量，如代码4-17所示。

代码4-17 TestPoint.scala

```scala
import java.io._
class Point(xc: Int, yc: Int) {
   var x: Int = xc
   var y: Int = yc
   def move(dx: Int, dy: Int) {
      x = x + dx
      y = y + dy
      println ("x 的坐标点: " + x);
      println ("y 的坐标点: " + y);
   }
}
object TestPoint {
   def main(args: Array[String]) {
      val pt = new Point(10, 20);

      // 移到一个新的位置
      pt.move(10, 10);
   }
}
```

执行以上代码，输出结果为：

```
x 的坐标点: 20
y 的坐标点: 30
```

2）继承

Scala使用extends关键字来继承一个类。Scala继承一个基类跟Java很相似，但需要注意以下几点：

（1）重写一个非抽象方法时必须使用override修饰符。

（2）只有主构造函数才可以往基类的构造函数里写参数。

（3）在子类中重写超类的抽象方法时，不需要使用override关键字。

接下来让我们来看一个示例。

代码4-18 TestInherit.scala

```scala
class Point(xc: Int, yc: Int) {
   var x: Int = xc
   var y: Int = yc
   def move(dx: Int, dy: Int) {
      x = x + dx
      y = y + dy
      println ("x 的坐标点: " + x);
      println ("y 的坐标点: " + y);
   }
```

```
    }
    class Location(override val xc: Int, override val yc: Int,
      val zc :Int) extends Point(xc, yc){
      var z: Int = zc
      def move(dx: Int, dy: Int, dz: Int) {
        x = x + dx
        y = y + dy
        z = z + dz
        println ("x 的坐标点 : " + x);
        println ("y 的坐标点 : " + y);
        println ("z 的坐标点 : " + z);
      }
    }
```

示例中Location类继承了Point类，Point称为父类（基类），Location称为子类。override val xc为重写了父类的字段。

继承会继承父类的所有属性和方法，Scala只允许继承一个父类。示例代码如下：

代码4-19　TestInherit1.scala

```
import java.io._
class Point(val xc: Int, val yc: Int) {
   var x: Int = xc
   var y: Int = yc
   def move(dx: Int, dy: Int) {
      x = x + dx
      y = y + dy
      println ("x 的坐标点 : " + x);
      println ("y 的坐标点 : " + y);
   }
}
class Location(override val xc: Int, override val yc: Int,
   val zc :Int) extends Point(xc, yc){
   var z: Int = zc

   def move(dx: Int, dy: Int, dz: Int) {
      x = x + dx
      y = y + dy
      z = z + dz
      println ("x 的坐标点 : " + x);
      println ("y 的坐标点 : " + y);
      println ("z 的坐标点 : " + z);
   }
}
object Test {
   def main(args: Array[String]) {
      val loc = new Location(10, 20, 15);

      // 移到一个新的位置
```

```
    loc.move(10, 10, 5);
  }
}
```

执行以上代码,输出结果为:

```
x 的坐标点 : 20
y 的坐标点 : 30
z 的坐标点 : 20
```

Scala重写一个非抽象方法时,必须用override修饰符。示例代码如下:

代码4-20　TestInherit1.scala

```
class Person {
  var name = ""
  override def toString = getClass.getName + "[name=" + name + "]"
}
class Employee extends Person {
  var salary = 0.0
  override def toString = super.toString + "[salary=" + salary + "]"
}
object TestInherit1 extends App {
  val fred = new Employee
  fred.name = "Fred"
  fred.salary = 50000
  println(fred)
}
```

执行以上代码,输出结果为:

```
Employee[name=Fred][salary=50000.0]
```

4.3　Spark SQL实战入门体验

本节采用命令行模式和编程方式两种方法进行Spark SQL的实战体验,从简单案例到略复杂的WordCount案例。具体实践过程可以按照如下步骤进行。

1. 将RDD转换成DataFrame

首先创建一个RDD:

```
scala> val rdd=sc.makeRDD(Seq(("Jack",24),("Mary",34)));
```

再转换成DataFrame:

```
scala> val df1 = rdd.toDF();
df1: org.apache.spark.sql.DataFrame = [_1: string, _2: int]
```

然后使用show显示数据：

```
scala> df1.show();
+----+---+
|  _1| _2|
+----+---+
|Jack| 24|
|Mary| 34|
+----+---+
```

2. 给DataFrame设置别名

代码如下：

```
scala> val df2 = rdd.toDF("name","age");
```

再次使用show时，将显示列的名称：

```
scala> df2.show();
+----+---+
|name|age|
+----+---+
|Jack| 24|
|Mary| 34|
+----+---+
```

3. 使用SqlContext执行SQL语句

为了执行SQL语句，首先需要基于DataFrame创建一张临时表。

SparkSession的临时表分为两种：

- 全局临时表：作用于某个Spark应用程序的所有SparkSession。
- 局部临时表：作用于某个特定的SparkSession。

如果同一个应用中不同的session需要重用一张临时表，那么不妨将该临时表注册为全局临时表，以避免多余的I/O，从而提高系统的执行效率；但是，如果只是在某个session中使用，则只需注册局部临时表，以避免不必要的内存占用。下面使用的是局部临时表。

首先创建局部临时表：

```
scala> df2.createOrReplaceTempView("person");
```

再声明SqlContext对象：

```
scala> val sqlContext = spark.sqlContext
```

然后执行SQL语句：

```
scala> sqlContext.sql("select * from person").show();
+----+---+
|name|age|
+----+---+
|Jack| 24|
|Mary| 34|
+----+---+
```

4. Scala代码将RDD转换成Bean

若要通过Scala代码方式实现转换，则需使用IDEA创建Spark SQL程序。首先添加Spark SQL依赖：

```xml
<dependency>
    <groupId>org.apache.spark</groupId>
    <artifactId>spark-sql_2.12</artifactId>
    <version>3.3.1</version>
</dependency>
```

然后准备一个文本文件，一行为一个对象，每一个值之间用空格分开，文件名为"D:/a/stud.txt"，内容如下：

```
4 Jack 34 男
1 Mike 23 女
2 刘长友 45 男
3 雪丽 27 女
```

接下来开发以下代码，读取stud.txt文件的内容并封装到class Stud对象中。

代码4-21　RddToBean.scala

```scala
package org.hadoop.spark
object RddToBean {
    def main(args: Array[String]): Unit = {
        val conf: SparkConf = new SparkConf();
        conf.setMaster("local[*]");
        conf.setAppName("RDDToBean");
        val spark: SparkSession = SparkSession.builder().config(conf).getOrCreate();
        val sc: SparkContext = spark.sparkContext;
        //读取文件
        import spark.implicits._;
        //步骤2：读取文件
        val rdd: RDD[String] = sc.textFile("file:///D:/a/stud.txt");
```

//步骤3：第一次使用map对每一行进行切分，第二次使用map将数据封装到Bean中，最后使用toDF转换成DataFrame
```
        val df = rdd.map(_.split("\\s+")).map(arr => {
            Stud(arr(0).toInt, arr(1), arr(2).toInt, arr(3));
        }).toDF();
        //步骤4：显示或保存数据
        df.show();
        spark.close();
    }
    /** 步骤1：声明JavaBean，并直接声明主构造方法 * */
    case class Stud(id: Int, name: String, age: Int, sex: String) {
        /** 声明无参数的构造，调用主构造方法 * */
        def this() = this(-1, null, -1, null);
    }
}
```

最后直接在IDEA中运行，输出结果如下：

```
+---+------+---+---+
| id|  name|age|sex|
+---+------+---+---+
|  4|  Jack| 34| 男|
|  1|  Mike| 23| 女|
|  2|刘长友| 45| 男|
|  3|  雪丽| 27| 女|
+---+------+---+---+
```

5. Spark SQL命令行方式体验WordCount

下面用Spark SQL来实现WordCount示例。

首先读取文件1.txt，1.txt中可以是任意的内容：

```
scala> val rdd = sc.textFile("file:///home/hadoop/1.txt");
```

然后以空白字符进行分隔并转换成DataFrame对象，注意转换后的对象只有一个字段str。

```
scala> val df3 = rdd.flatMap(_.split("\\s+")).toDF("str");
```

现在可以直接使用groupBy进行count计算：

```
scala> df3.groupBy("str").count().show();
+------+-----+
|   str|count|
+------+-----+
|     A|    3|
```

```
|    B|    1|
|    C|    1|
...
```

还可以指定排序规则：

```
scala> df3.groupBy("str").count().sort("str").show();
+-----+-----+
|  str|count|
+-----+-----+
|  -> |    4|
|   0 |    2|
...
```

如果直接使用SQL语句，则使用如下语句：

```
scala> df3.createOrReplaceTempView("words");
scala> sqlContext.sql("select count(str),str from words group by str").show();
+----------+------+
|count(str)|   str|
+----------+------+
|         3|     7|
|         1|   lib|
...
```

6. Spark SQL编程方式体验

开发Scala代码对stud.txt文件内容执行统计计算，代码如下：

代码4-22　SparkSQL.scala

```scala
package org.hadoop.spark
object SparkSQL {
    def main(args: Array[String]): Unit = {
        val conf: SparkConf = new SparkConf();
        conf.setMaster("local[2]");
        conf.setAppName("SQL");
        val session: SparkSession = SparkSession.builder().config(conf).getOrCreate();
        val sqlContext: SQLContext = session.sqlContext;
        val ctx: SparkContext = session.sparkContext;
        val rdd: RDD[String] = ctx.textFile("file:///D:/a/stud.txt");
        //注意要做隐式导入
        import session.implicits._;
        val df: DataFrame = rdd.flatMap(_.split("\\s+")).toDF("str");
        df.show();
        df.groupBy("str").count().sort("str").show();
        //创建View
```

```
            df.createTempView("words");
            sqlContext.sql("select str,count(str) cnt from words group by str order
by str")  //执行SQL
                //转换成RDD
                .rdd
                .saveAsTextFile("file:///D:/a/out001");  //保存到指定目录
            session.close();
        }
    }
```

其中df.createTempView("words")是将DataFrame内容转换为临时表，之后的代码就可以基于临时表进行查询。本地测试成功后再打包到集群上运行，修改后的代码如下：

代码4-23　SparkSQL2.scala

```
package org.hadoop.spark
object SparkSQL2 {
    def main(args: Array[String]): Unit = {
        if (args.length != 2) {
            println("usage : in out");
            return;
        }
        val inPath: String = args.apply(0);
        val outPath: String = args.apply(1);
        val hConf: Configuration = new Configuration();
        val fs: FileSystem = FileSystem.get(hConf);
        val dest: Path = new Path(outPath);
        if (fs.exists(dest)) {
            fs.delete(dest, true);
        }
        val conf: SparkConf = new SparkConf();
        conf.setAppName("SQL");
        val session: SparkSession =
SparkSession.builder().config(conf).getOrCreate();
        val sqlContext: SQLContext = session.sqlContext;
        val ctx: SparkContext = session.sparkContext;
        val rdd: RDD[String] = ctx.textFile(inPath);
        //注意要做隐式导入
        import session.implicits._;
        val df: DataFrame = rdd.flatMap(_.split("\\s+")).toDF("str");
        df.show();
        df.groupBy("str").count().sort("str").show();
        df.createTempView("words");  //创建View
        sqlContext.sql("select str,count(str) cnt from words group by str order
by str")  //执行SQL
            .rdd  //转换成RDD
```

```
        .saveAsTextFile(outPath);  //保存到指定目录
    session.close();
  }
}
```

最后使用spark-submit提交任务:

```
# spark-submit --master spark://server201:7077 --class
org.hadoop.spark.SparkSQL2 chapter1-1.0.jar hdfs://server201:8020/test/
hdfs://server201:8020/out002
```

第 5 章
Spark SQL语法基础及应用

在很多情况下，开发人员并不了解Scala语言，也不了解Spark常用的API，但又非常想要使用Spark框架提供的强大的数据分析能力。Spark的开发工程师们考虑到了这个问题，于是利用SQL语言的语法简洁、学习门槛低以及在编程语言中普及程度和流行程度高等诸多优势，开发了Spark SQL模块。

Spark SQL是Apache Spark的一个模块，用于处理结构化数据。它提供了一个编程接口，允许使用SQL或DataFrame API来执行数据转换和计算。在本章中，我们将深入探讨Spark SQL的语法和常见操作。

本章主要知识点：

※ Spark SQL DML语句
※ Spark SQL查询语句
※ Spark SQL函数

5.1 Hive安装与元数据存储配置

由于Spark SQL的基础语法及常见操作是通过Spark SQL CLI命令行进行的，该工具可以用来在本地模式下运行Hive的元数据服务，并且通过命令行执行针对Hive的SQL查询。因此，首先需要安装Hive。

5.1.1 安装Hive

由于Hive是运行在Hadoop下的数据仓库，因此必须在已经安装好Hadoop的环境下运行Hive，并且要正确配置HADOOP_HOME环境变量。

1. 下载Hive

Hive下载地址如下：

https://archive.apache.org/dist/hive/

由于Spark 3.3.1可以使用的Hive版本包括0.12.0~2.3.9，因此这里按作者习惯选用了Hive 1.2.2版本，具体下载地址如下：

https://archive.apache.org/dist/hive/hive1.2.2/apache-hive-1.2.2-bin.tar.gz

2. 上传并解压Hive

Hive安装包下载下来后，文件上传Linux当前用户目录下，并解压Hive安装文件：

```
$ tar -zxvf ~/apache-hive-1.2.2-bin.tar.gz -C .
```

目录名称太长了，修改一下名称：

```
$ mv apache-hive-1.2.2-bin/ hive-1.2
```

配置Hive的环境变量是可选的，是为了方便执行Hive脚本：

```
export HIVE_HOME=/app/hive-1.2
export PATH=$PATH:$HIVE_HOME/bin
```

3. 启动Hadoop，登录Hive命令行

首先启动Hadoop。

然后使用hive脚本，登录Hive命令行界面。此时Hive要访问Hadoop的core-site.xml文件，并访问fs.defaultFS所指的服务器。

直接输入hive命令就可以登录Hive的命令行：

```
[hadoop@server201 ~]$ hive
hive>
```

4. 一些基本的命令

类似于MySQL的SQL命令，都可以在Hive下运行。

（1）查看所有数据库：

```
hive> show databases;
OK
default
Time taken: 0.025 seconds, Fetched: 1 row(s)
```

(2) 查看默认数据库下的所有表：

```
hive> show tables;
OK
Time taken: 0.035 seconds
```

(3) 创建一张表，并显示这张表的结构：

```
hive> create table stud(id int,name varchar(30));
OK
Time taken: 0.175 seconds
hive> desc stud;
OK
id                      int
name                    varchar(30)
Time taken: 0.193 seconds, Fetched: 2 row(s)
```

(4) 显示这张表在Hive中的结构：

```
hive> show create table stud;
OK
CREATE TABLE 'stud'(
  'id' int,
  'name' varchar(30))
ROW FORMAT SERDE
  'org.apache.hadoop.hive.serde2.lazy.LazySimpleSerDe'
STORED AS INPUTFORMAT
  'org.apache.hadoop.mapred.TextInputFormat'   数据存储类型
OUTPUTFORMAT
  'org.apache.hadoop.hive.ql.io.HiveIgnoreKeyTextOutputFormat '  输出类型
LOCATION
  'hdfs://server201:8020/user/hive/warehouse/stud'  保存的位置
TBLPROPERTIES (   表的其他属性信息
  'transient_lastDdlTime'='1530518761')
Time taken: 0.128 seconds, Fetched: 13 row(s)
```

(5) 向表中写入一行记录。

由于Hive会将操作转换成MapReduce程序，因此INSERT语句会被转换成MapReduce程序。这个效率比较低，尽量不要使用INSERT语句写入数据，而是采用Hive分析现有的数据。例如：

```
hive> insert into stud values(1,'Jack');
```

运行结果中有如下内容：

```
Stage-1 map =0%,reduce =0%
Stage-1 map =100%,  reduce =0%,Cumulative CPU 2.4 sec
```

可见，一个简单的INSERT语句确定执行了MapReduce程序，所以效率不会太高。

（6）不支持UPDATE和DELETE：

```
hive> update stud set name='Alex' where id=1;
FAILED: SemanticException [Error 10294]: Attempt to do update or delete using transaction manager that does not support these operations.
hive> delete from stud where id=1;
FAILED: SemanticException [Error 10294]: Attempt to do update or delete using transaction manager that does not support these operations.
```

由以上运行结果可见，Hive分析的数据是存储在HDFS上的，HDFS不支持随机写，只支持追加写，所以在Hive中不能使用UPDATE和DELETE语句，只能使用SELECT和INSERT语句。

5.1.2 配置 MySQL 存储元数据

在多用户情况下，必须配置一个独立的数据库。现在已经将MySQL数据库安装到Linux上，当然也可以安装MariaDB来替代MySQL数据库。

配置MySQL数据库的相关属性，如表5-1所示。

表 5-1　MySQL 数据库的相关属性配置

配置参数	配置值	解　　释
javax.jdo.option.ConnectionURL	jdbc:mysql://\<host name>/\<database name>?createDatabaseIfNotExist=true	元数据被存储在 MySQL 服务器中
javax.jdo.option.ConnectionDriverName	com.mysql.jdbc.Driver	MySQL JDBC 驱动类型
javax.jdo.option.ConnectionUserName	\<user name>	连接到MySQL 服务器的用户名
javax.jdo.option.ConnectionPassword	\<password>	连接到MySQL 服务器的密码

支持的数据库的版本如表5-2所示。

表 5-2　支持的数据库及版本

数　据　库	最小支持版本	参数值名称
MySQL	5.6.17	mysql
PostgreSQL	9.1.13	postgres
Oracle	11g	oracle
MS SQL Server	2008 R2	mssql

配置MySQL存储元数据的步骤如下：

步骤 01 修改hive-site.xml文件。

在hive/conf目录下，有一个hive-default.xml.template文件，里面存储的都是默认的配置。

打开该文件查看里面的配置，可以发现如图5-1所示的说明。

```
1  <?xml version="1.0" encoding="UTF-8" standalone="no"?>
2  <?xml-stylesheet type="text/xsl" href="configuration.xsl"?>
3  <configuration>
4    <!-- WARNING!!! This file is auto generated for documentation purposes ONLY! -->
5    <!-- WARNING!!! Any changes you make to this file will be ignored by Hive.   -->
6    <!-- WARNING!!! You must make your changes in hive-site.xml instead.         -->
7    <!-- Hive Execution Parameters -->
```

图 5-1　配置说明

意思是说，如果要覆盖默认的配置，可以修改hive-site.xml文件。

```
$ cp hive-default.xml hive-site.xml
```

添加以下配置：

```xml
<?xml version="1.0" encoding="UTF-8" standalone="no"?>
<?xml-stylesheet type="text/xsl" href="configuration.xsl"?>
<configuration>
    <property>
        <name>javax.jdo.option.ConnectionURL</name>
        <value>jdbc:mysql://192.168.56.1:3306/hive?useUnicode=true&amp;characterEncoding=UTF-8&amp;createDatabaseIfNotExist=true&amp;useSSL=false</value>
    </property>
    <property>
        <name>javax.jdo.option.ConnectionDriverName</name>
        <value>com.mysql.jdbc.Driver</value>
    </property>
    <property>
        <name>javax.jdo.option.ConnectionUserName</name>
        <value>root</value>
    </property>
    <property>
        <name>javax.jdo.option.ConnectionPassword</name>
        <value>1234</value>
    </property>
</configuration>
```

以下配置相同，只是多了一个serverTimezone时区设置：

```xml
<?xml version="1.0" encoding="UTF-8" standalone="no"?>
<?xml-stylesheet type="text/xsl" href="configuration.xsl"?>
<configuration>
    <property>
        <name>javax.jdo.option.ConnectionDriverName</name>
        <value>com.mysql.jdbc.Driver</value>
    </property>
    <property>
```

```xml
            <name>javax.jdo.option.ConnectionUserName</name>
            <value>root</value>
        </property>
        <property>
            <name>javax.jdo.option.ConnectionURL</name>
            <value>jdbc:mysql://server80:3306/hive?useUnicode=true&amp;characterEncoding=UTF-8&amp;useSSL=false&amp;serverTimezone=Asia/Shanghai</value>
        </property>
        <property>
            <name>javax.jdo.option.ConnectionPassword</name>
            <value>1234</value>
        </property>
        <property>
            <name>hive.metastore.warehouse.dir</name>
            <value>/user/hive/warehouse</value>
        </property>
</configuration>
```

步骤 02 将MySQL的驱动存放到hive/lib目录下：

```
[root@server80 lib]$ ll | grep mysql
-rw-r--r--. 1 mrchi mrchi  999808 12月 26 2017 mysql-connector-java-5.1.45.jar
```

步骤 03 登录Hive CLI。

直接使用hive命令登录Hive CLI后，可以使用以下命令来初始化数据库：

```
./schematool -initSchema -dbType mysql
```

运行结果如图5-2所示。

初始化数据库之后，这时如果使用MySQL客户端工具登录MySQL，就会在MySQL数据库里面发现如图5-3所示的数据表。

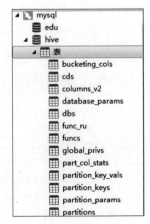

图5-2　初始化数据库　　　　　　　　　　　　图5-3　数据表

现在就可以使用多个Hive CLI客户端登录了。

5.2 Spark SQL DML语句

DML（data manipulation language，数据操作语言）操作主要用来对数据进行插入、更新和删除操作。本节主要介绍Spark SQL中的DML操作。

Spark SQL提供了一个命令行工具，可以让用户直接通过命令行运行SQL查询。Spark SQL可以兼容Hive，以便Spark SQL支持Hive表访问、UDF（用户自定义函数）以及Hive查询语言（HiveQL/HQL）。

若要使用Spark SQL CLI的方式访问和操作Hive表数据，需要对Spark SQL进行如下所示的环境配置，将Spark SQL连接到一个部署好的Hive上。

（1）将hive-site.xml复制到/home/hadoop/app/spark/conf/目录下。

（2）在/home/hadoop/app/spark/conf/spark-env.sh文件中配置MySQL驱动。

将MySQL驱动复制到所有节点的Spark安装包的jars目录下，并在/home/hadoop/app/spark/conf/spark-env.sh末尾添加以下内容：

```
export SPARK_CLASSPATH=/home/hadoop/app/spark/jars/
mysl-connector-java-5.1.32.jar
```

然后，启动MySQL服务。

（3）启动 Hive的metastore服务：hive－service metastore &。

（4）进入/home/hadoop/app/spark/sbin/目录，执行./start-all.sh，启动Spark。

（5）进入/home/hadoop/app/spark/bin目录，执行./spark-sql，开启Spark SQL CLI。

spark-sql本质上是通过spark-submit调用Spark SQL的API，每个spark-sql单独启动一个应用。

一旦进入Spark SQL CLI，就可以执行SQL语句。在DML语句中，通过建表语句中的Using子句来指定具体的数据源类型。如果没有通过Using指定，则默认是通过Hive建表，相当于直接通过Spark SQL来操作Hive表的数据。

5.2.1 插入数据

INSERT语句将新行插入表中或覆盖表中的现有数据。插入的行可以由值表达式或查询结果指定。

1. 使用VALUES子句进行单行插入

```
CREATE TABLE students (name VARCHAR(64), address VARCHAR(64))
    USING PARQUET PARTITIONED BY (student_id INT);
INSERT INTO students VALUES
    ('Amy Smith', '123 Park Ave, San Jose', 111111);

SELECT * FROM students;
+---------+----------------------+----------+
|     name|               address|student_id|
+---------+----------------------+----------+
|Amy Smith|123 Park Ave, San Jose|    111111|
+---------+----------------------+----------+
```

2. 使用VALUES子句进行多行插入

```
INSERT INTO students VALUES
    ('Bob Brown', '456 Taylor St, Cupertino', 222222),
    ('Cathy Johnson', '789 Race Ave, Palo Alto', 333333);

SELECT * FROM students;
+-------------+------------------------+----------+
|         name|                 address|student_id|
+-------------+------------------------+----------+
|    Amy Smith|  123 Park Ave, San Jose|    111111|
+-------------+------------------------+----------+
|    Bob Brown| 456 Taylor St, Cupertino|   222222|
+-------------+------------------------+----------+
|Cathy Johnson|  789 Race Ave, Palo Alto|   333333|
+-------------+------------------------+----------+
```

3. 使用SELECT语句插入数据

假设已经创建了一张persons表，里面包含两条数据：

```
SELECT * FROM persons;
+-------------+-------------------------+---------+
|         name|                  address|      ssn|
+-------------+-------------------------+---------+
|Dora Williams|  134 Forest Ave, Menlo Park|123456789|
+-------------+-------------------------+---------+
|  Eddie Davis|     245 Market St, Milpitas|345678901|
+-------------+-------------------------+---------+

INSERT INTO students PARTITION (student_id = 444444)
    SELECT name, address FROM persons WHERE name = "Dora Williams";
```

使用SELECT语句插入一条数据，查询结果如下：

```
SELECT * FROM students;
+-------------+------------------------+----------+
|         name|                 address|student_id|
+-------------+------------------------+----------+
|    Amy Smith|    123 Park Ave, San Jose|    111111|
+-------------+------------------------+----------+
|    Bob Brown|  456 Taylor St, Cupertino|    222222|
+-------------+------------------------+----------+
|Cathy Johnson|    789 Race Ave, Palo Alto|    333333|
+-------------+------------------------+----------+
|Dora Williams|134 Forest Ave, Menlo Park|    444444|
+-------------+------------------------+----------+
```

4. 使用TABLE语句插入数据

提前创建一张表visiting_students，插入两条数据，查询结果显示如下：

```
SELECT * FROM visiting_students;
+-------------+------------------------+----------+
|         name|                 address|student_id|
+-------------+------------------------+----------+
|Fleur Laurent|345 Copper St, London|    777777|
+-------------+------------------------+----------+
|Gordon Martin| 779 Lake Ave, Oxford|    888888|
+-------------+------------------------+----------+
```

然后利用Table语句将visiting_students表的数据插入students表中。注意，这里不是覆盖，而是追加数据。

```
INSERT INTO students TABLE visiting_students;
SELECT * FROM students;
+-------------+------------------------+----------+
|         name|                 address|student_id|
+-------------+------------------------+----------+
|    Amy Smith|    123 Park Ave, San Jose|    111111|
+-------------+------------------------+----------+
|    Bob Brown|  456 Taylor St, Cupertino|    222222|
+-------------+------------------------+----------+
|Cathy Johnson|    789 Race Ave, Palo Alto|    333333|
+-------------+------------------------+----------+
|Dora Williams|134 Forest Ave, Menlo Park|    444444|
+-------------+------------------------+----------+
|Fleur Laurent|     345 Copper St, London|    777777|
+-------------+------------------------+----------+
|Gordon Martin|      779 Lake Ave, Oxford|    888888|
+-------------+------------------------+----------+
```

5. 使用列列表插入数据

```
INSERT INTO students (address, name, student_id) VALUES
    ('Hangzhou, China', 'Kent Yao', 11215016);
SELECT * FROM students WHERE name = 'Kent Yao';
+---------+----------------------+----------+
|     name|               address|student_id|
+---------+----------------------+----------+
|Kent Yao |       Hangzhou, China|  11215016|
+---------+----------------------+----------+
```

5.2.2 加载数据

LOAD DATA语句将数据从用户指定的目录或文件加载到Hive表中。如果指定了目录，则加载该目录中的所有文件；如果指定了文件，则仅加载单个文件。此外，该LOAD DATA语句还采用可选的分区规范。当指定分区时，数据文件（当输入源是目录时）或单个文件（当输入源是文件时）被加载到目标表的分区中。

如果该表已缓存，则该命令会清除该表的缓存数据以及引用该表的所有依赖项。下次访问表或依赖项时，缓存将被延迟填充。

LOAD DATA语句的格式如下：

```
LOAD DATA [ LOCAL ] INPATH path [ OVERWRITE ] INTO TABLE table_identifier
[ partition_spec ]
```

下面举例说明加载数据的用法。

首先，创建表students，并添加一条数据：

```
CREATE TABLE students (name VARCHAR(64), address VARCHAR(64))
    USING HIVE PARTITIONED BY (student_id INT);
INSERT INTO students VALUES
    ('Amy Smith', '123 Park Ave, San Jose', 111111);
SELECT * FROM students;
+---------+----------------------+----------+
|     name|               address|student_id|
+---------+----------------------+----------+
|Amy Smith|123 Park Ave, San Jose|    111111|
+---------+----------------------+----------+
```

在SparkSQL中，可以使用CREATE TABLE语句结合USING HIVE选项，来创建一个指向Hive表的Spark SQL表。这允许我们利用Spark SQL进行查询，但数据和元数据仍然存储在Hive中。示例代码如下：

```
CREATE TABLE my_spark_table
USING HIVE
OPTIONS (
  tableName "my_hive_table"
)
```

在这个例子中,my_spark_table是在Spark SQL中创建的表的名称,而my_hive_table是Hive中已存在的表的名称。当查询my_spark_table时,Spark SQL会查询Hive中的my_hive_table表。

接下来用Spark SQL创建一张表test_load,该表的数据和元数据会指向Hive中。最后将students表中的数据加载到test_load表中。

```
CREATE TABLE test_load (name VARCHAR(64), address VARCHAR(64), student_id INT)
USING HIVE;
LOAD DATA LOCAL INPATH '/user/hive/warehouse/students' OVERWRITE INTO TABLE test_load;
SELECT * FROM test_load;
+---------+----------------------+----------+
|     name|               address|student_id|
+---------+----------------------+----------+
|Amy Smith|123 Park Ave, San Jose|    111111|
+---------+----------------------+----------+
```

5.3　Spark SQL查询语句

在Spark SQL的命令行模式下,我们可以使用Spark SQL的内置函数和语法来执行各种查询操作。本节首先将创建一个名为students的表,并插入3条数据;然后,展示如何使用不同的Spark SQL算子来查询这些数据。

1. 创建表并插入数据

首先,我们需要创建一张students表。假设这张表有两列:id(学生ID)和name(学生姓名)。

```
CREATE TABLE students (
  id INT,
  name STRING
);
```

接下来,插入3条数据:

```
INSERT INTO students VALUES (1, 'Alice');
INSERT INTO students VALUES (2, 'Bob');
INSERT INTO students VALUES (3, 'Charlie');
```

2. 查询所有数据

使用SELECT语句查询students表中的所有数据：

```
SELECT * FROM students;
```

这将返回所有学生的ID和姓名。

3. 条件查询

使用WHERE子句进行条件查询。例如，查询名为'Alice'的学生：

```
SELECT * FROM students WHERE name = 'Alice';
```

4. 排序查询

使用ORDER BY子句对查询结果进行排序。例如，按学生姓名升序排列：

```
SELECT * FROM students ORDER BY name ASC;
```

5. 限制查询结果的数量

使用LIMIT子句限制查询结果的数量。例如，只查询前两名学生：

```
SELECT * FROM students LIMIT 2;
```

6. 聚合查询

使用聚合函数对数据进行聚合计算。例如，计算学生的总数：

```
SELECT COUNT(*) FROM students;
```

或者，计算每个学生的姓名及其对应的ID数量：

```
SELECT name, COUNT(id) as num_ids FROM students GROUP BY name;
```

7. 子查询

使用子查询在查询中嵌套另一个查询。例如，查询ID大于平均ID的学生：

```
SELECT * FROM students WHERE id > (SELECT AVG(id) FROM students);
```

8. 连接查询

连接类型如下：

1）内连接

内连接是Spark SQL中的默认连接。它选择在两个关系中具有匹配值的行。

句法：relation [INNER] JOIN relation [join_criteria]。

2）左连接

左连接返回左关系中的所有值和右关系中的匹配值，如果没有匹配，则附加NULL。它也被称为左外连接。

句法：relation LEFT [OUTER] JOIN relation [join_criteria]。

3）右连接

右连接返回右关系中的所有值和左关系中的匹配值，如果没有匹配，则附加NULL。它也被称为右外连接。

句法：relation RIGHT [OUTER] JOIN relation [join_criteria]。

4）全连接

全连接返回两个关系中的所有值，并在不匹配的一侧附加NULL。它也被称为完全外连接。

句法：relation FULL [OUTER] JOIN relation [join_criteria]。

5）交叉连接

交叉连接返回两个关系的笛卡儿积。

下面举例说明各种连接类型的具体用法。首先，按照以下显示的数据创建表employee和department，代表员工表和部门表。

员工表和部门表的数据查询结果如下：

```
SELECT * FROM employee;
+---+-----+------+
| id| name|deptno|
+---+-----+------+
|105|Chloe|     5|
|103| Paul|     3|
|101| John|     1|
|102| Lisa|     2|
|104| Evan|     4|
|106|  Amy|     6|
+---+-----+------+

SELECT * FROM department;
+------+-----------+
|deptno|   deptname|
+------+-----------+
|     3|Engineering|
|     2|      Sales|
|     1|  Marketing|
+------+-----------+
```

下面演示各种类型的连接查询。

```
--内连接
SELECT id, name, employee.deptno, deptname
    FROM employee INNER JOIN department ON employee.deptno = department.deptno;
+---+-----+------+-----------+
```

```
| id| name|deptno|   deptname|
+---+-----+------+-----------+
|103| Paul|     3|Engineering|
|101| John|     1|  Marketing|
|102| Lisa|     2|      Sales|
+---+-----+------+-----------+
```

-- 左连接
```
SELECT id, name, employee.deptno, deptname
    FROM employee LEFT JOIN department ON employee.deptno = department.deptno;
+---+-----+------+-----------+
| id| name|deptno|   deptname|
+---+-----+------+-----------+
|105|Chloe|     5|       NULL|
|103| Paul|     3|Engineering|
|101| John|     1|  Marketing|
|102| Lisa|     2|      Sales|
|104| Evan|     4|       NULL|
|106|  Amy|     6|       NULL|
+---+-----+------+-----------+
```

-- 右连接
```
SELECT id, name, employee.deptno, deptname
    FROM employee RIGHT JOIN department ON employee.deptno = department.deptno;
+---+-----+------+-----------+
| id| name|deptno|   deptname|
+---+-----+------+-----------+
|103| Paul|     3|Engineering|
|101| John|     1|  Marketing|
|102| Lisa|     2|      Sales|
+---+-----+------+-----------+
```

-- 全连接
```
SELECT id, name, employee.deptno, deptname
    FROM employee FULL JOIN department ON employee.deptno = department.deptno;
+---+-----+------+-----------+
| id| name|deptno|   deptname|
+---+-----+------+-----------+
|101| John|     1|  Marketing|
|106|  Amy|     6|       NULL|
|103| Paul|     3|Engineering|
|105|Chloe|     5|       NULL|
|104| Evan|     4|       NULL|
|102| Lisa|     2|      Sales|
+---+-----+------+-----------+
```

-- 交叉连接
```
SELECT id, name, employee.deptno, deptname FROM employee CROSS JOIN department;
+---+-----+------+-----------+
```

```
| id| name|deptno|    deptname|
+---+-----+------+------------+
|105|Chloe|     5| Engineering|
|105|Chloe|     5|   Marketing|
|105|Chloe|     5|       Sales|
|103| Paul|     3| Engineering|
|103| Paul|     3|   Marketing|
|103| Paul|     3|       Sales|
|101| John|     1| Engineering|
|101| John|     1|   Marketing|
|101| John|     1|       Sales|
|102| Lisa|     2| Engineering|
|102| Lisa|     2|   Marketing|
|102| Lisa|     2|       Sales|
|104| Evan|     4| Engineering|
|104| Evan|     4|   Marketing|
|104| Evan|     4|       Sales|
|106|  Amy|     4| Engineering|
|106|  Amy|     4|   Marketing|
|106|  Amy|     4|       Sales|
+---+-----+------+------------+
```

以上就是在Spark SQL命令行模式下使用各种算子进行数据查询的示例。通过结合不同的查询语句和函数，我们可以执行各种复杂的数据分析和处理任务。注意，这些示例假设已经设置好了Spark环境，并且可以在命令行模式下运行Spark SQL。

5.4 Spark SQL函数操作

Spark SQL支持多种函数，包括内置函数和自定义函数，用于数据转换、聚合、字符串处理、日期和时间处理等。

5.4.1 内置函数及使用

下面将对Spark SQL的内置函数进行详细说明，并给出相应的例子和预期的运行结果。

1. 数据转换函数

Spark SQL提供了丰富的数据转换函数，这些函数允许用户对DataFrame中的数据进行各种转换和处理。

首先基于Spark SQL语句创建people表。建表和初始化数据的脚本如下：

```sql
CREATE TABLE people(name VARCHAR(64), age INT, address1 VARCHAR(64), address2 VARCHAR(64), address3 VARCHAR(64));
INSERT INTO people VALUES    ('Alice', 25,'123 Main St', NULL,NULL);
INSERT INTO people VALUES    ('Bob', 30,'456 Elm St', NULL,NULL);
INSERT INTO people VALUES    ('Charlie', 35,NULL, NULL,NULL);
```

然后，基于people表介绍常用的数据转换函数。

1）cast(expression AS type)

描述：将表达式的值转换为指定的数据类型。

例子：将people表中名为age的整数列转换为字符串列。

SQL语句如下：

```sql
SELECT cast(age AS STRING) AS age_string FROM people;
```

运行结果如下：

```
+------------+
| age_string |
+------------+
| "25"       |
| "30"       |
| "35"       |
+------------+
```

2）coalesce(col1, col2, ...)

描述：返回参数列表中的第一个非空表达式。

例子：people表中有name、address1、address2和address3列，返回第一个非空的地址。

SQL语句如下：

```sql
SELECT name, coalesce(address1, address2, address3) AS first_address FROM people;
```

运行结果如下：

```
+---------+---------------+
| name    | first_address |
+---------+---------------+
| Alice   | "123 Main St" |
| Bob     | "456 Elm St"  |
| Charlie | NULL          |
+---------+---------------+
```

3）from_json(jsonStr, schema)

描述：将JSON字符串转换为指定的schema的DataFrame。

例子：将JSON字符串转换为DataFrame。

SQL语句如下：

```
SELECT from_json('{"name":"Alice", "age":25}', 'name STRING, age INT') AS person;
```

运行结果如下：

```
+-------+----+
| name |age |
+-------+----+
| Alice | 25 |
+-------+----+
```

4）from_unixtime(unixTimestamp, format)

描述：将UNIX时间戳转换为指定格式的字符串。

例子：将UNIX时间戳转换为日期格式。

假设timestamp_data表中有一个名为unix_timestamp的列，SQL语句如下：

```
SELECT from_unixtime(unix_timestamp, 'yyyy-MM-dd HH:mm:ss') AS formatted_time FROM timestamp_data;
```

运行结果如下：

```
+-------------------+
|   formatted_time  |
+-------------------+
| 2023-10-23 10:30:00|
| 2023-10-23 11:45:00|
+-------------------+
```

5）to_date(string)

描述：将字符串转换为日期类型。

例子：将日期字符串转换为日期类型。

假设date_data是一张虚拟表，SQL语句如下：

```
SELECT to_date('2023-10-23') AS date_column FROM date_data;
```

运行结果如下：

```
+------------+
| date_column|
+------------+
```

```
| 2023-10-23 |
+------------+
```

6）to_json(struct)

描述：将struct类型的列转换为JSON字符串。

例子：将struct类型的列转换为JSON字符串。

SQL语句如下：

```
SELECT to_json(named_struct('name', name, 'age', age)) AS person_json FROM
people;
```

运行结果如下：

```
+-------------------------+
|person_json              |
+-------------------------+
|{"name":"Alice","age":25}|
|{"name":"Bob","age":30}  |
+-------------------------+
```

7）to_timestamp(string, format)

描述：将字符串按照指定的格式转换为时间戳类型。

例子：将日期时间字符串转换为时间戳。

假设timestamp_data是一张虚拟表，SQL语句如下：

```
SELECT to_timestamp('2023-10-23 12:00:00', 'yyyy-MM-dd HH:mm:ss') AS
timestamp_column FROM timestamp_data;
```

运行结果如下：

```
+-------------------+
| timestamp_column  |
+-------------------+
|2023-10-23 12:00:00|
+-------------------+
```

2. 聚合函数

在Spark中，聚合函数是用于处理数据集并将其元素合并为一个单一值的函数。这些函数在进行数据分析和处理时非常有用，尤其在需要对分组数据进行汇总和计算的场景中。以下是一些常用的聚合函数。

1）count(column)

描述：计算指定列的非空值的数量。

例子：计算people表中非空记录的数量。

SQL语句如下：

```
SELECT count(age) AS total_people FROM people;
```

运行结果如下：

```
+------------+
|total_people|
+------------+
|3           |
+------------+
```

2）sum(column)

描述：计算指定列的总和。

例子：计算所有人的年龄总和。

SQL语句如下：

```
SELECT sum(age) AS total_age FROM people;
```

运行结果如下：

```
+----------+
|total_age |
+----------+
|90        |
+----------+
```

3）AVG()

描述：计算数值列的平均值。

例子：计算people表中所有人的平均年龄。

SQL语句如下：

```
SELECT AVG(age) FROM people;
```

运行结果如下：

```
30.0
```

4）MIN()

描述：返回数值列中的最小值。

例子：找出people表中年龄最小的人。

SQL语句如下：

```
SELECT MIN(age) FROM people;
```

运行结果如下：

25

5）MAX()

描述：返回数值列中的最大值。

例子：找出people表中年龄最大的人。

SQL语句如下：

```
SELECT MAX(age) FROM people;
```

运行结果如下：

35

6）GROUP BY

描述：结合聚合函数，用于按一个或多个列的值对数据分组。

例子：计算每个地址（address1）有多少个人。

SQL语句如下：

```
SELECT address1, COUNT(*) AS count
FROM people
GROUP BY address1;
```

运行结果如下：

```
123 Main St, 1
456 Elm St, 1
NULL, 1
```

7）HAVING

描述：在聚合后过滤分组结果。

例子：找出至少有两个人的地址。

SQL语句如下：

```
SELECT address1, COUNT(*) AS count
FROM people
GROUP BY address1
HAVING count >= 2;
```

运行结果没有符合条件的记录。

8) DISTINCT

描述：在计算聚合函数时，只考虑唯一值。

例子：计算people表中不同的地址数量。

SQL语句如下：

```
SELECT COUNT(DISTINCT address1) FROM people;
```

运行结果如下：

2

因为有两个不同的地址：'123 Main St' 和 '456 Elm St'。

3. 字符串处理函数

Spark SQL提供了多种字符串处理函数，用于处理和分析存储在字符串字段中的数据。常用的字符串处理函数介绍如下：

1) CONCAT()

描述：连接两个或多个字符串。

例子：将name和address1字段连接成一个新的字符串。

SQL语句如下：

```
SELECT CONCAT(name, ' lives at ', address1) AS full_address
FROM people;
```

运行结果如下：

```
Alice lives at 123 Main St
Bob lives at 456 Elm St
Charlie lives at NULL
```

2) LENGTH()

描述：返回字符串的长度。

例子：计算name字段中每个名字的长度。

SQL语句如下：

```
SELECT name, LENGTH(name) AS name_length
FROM people;
```

运行结果如下：

```
Alice, 5
Bob, 3
Charlie, 7
```

3）LOWER()和 UPPER()

描述：分别将字符串转换为小写字母和大写字母。

例子：将name字段转换为大写字母。

SQL语句如下：

```
SELECT UPPER(name) AS uppercase_name
FROM people;
```

运行结果如下：

```
ALICE
BOB
CHARLIE
```

4）TRIM()

描述：去除字符串两侧的空格。

例子：去除address1字段两侧的空格。

SQL语句如下：

```
SELECT TRIM(address1) AS trimmed_address
FROM people;
```

运行结果如下：

```
123 Main St
456 Elm St
NULL
```

5）SUBSTR()或 SUBSTRING()

描述：从字符串中提取子字符串。

例子：从name字段中提取前3个字符。

SQL语句如下：

```
SELECT SUBSTR(name, 1, 3) AS first_three_chars
FROM people;
```

运行结果如下：

```
Ali
Bob
Cha
```

6）REPLACE()

描述：在字符串中替换子字符串。

例子：将address1中的"Main"替换为"Main Avenue"。

SQL语句如下：

```
SELECT REPLACE(address1, 'Main', 'Main Avenue') AS replaced_address
FROM people;
```

运行结果如下：

```
123 Main Avenue St
456 Main Avenue St
NULL
```

7）SPLIT()

描述：根据分隔符将字符串拆分成数组。

例子：假设address1包含以空格分隔的多个部分，将其拆分成数组。

SQL语句如下：

```
SELECT SPLIT(address1, ' ') AS address_parts
FROM people;
```

运行结果如下：

```
["123", "Main", "St"]
["456", "Elm", "St"]
[NULL]
```

4. 日期和时间处理函数

Spark SQL提供了许多用于处理日期和时间的函数。常用的日期和时间处理函数介绍如下：

1）current_date

描述：返回当前日期。

SQL语句如下：

```
SELECT current_date;
```

运行结果如下:

2023-10-23

2) current_timestamp

描述:返回当前的日期和时间。

SQL语句如下:

```
SELECT current_timestamp;
```

运行结果如下:

2023-10-23 12:34:56.789

3) date_format

描述:将日期/时间/时间戳按照指定的格式进行格式化。

SQL语句如下:

```
SELECT date_format(current_timestamp, 'yyyy-MM-dd HH:mm:ss');
```

运行结果:返回一个格式化的时间戳。

2023-10-23 12:34:56

4) date_add

描述:给日期加上指定的天数。

SQL语句如下:

```
SELECT date_add(current_date, 5);
```

运行结果:返回当前日期加上5天后的日期。

2023-10-28

5) date_sub

描述:从日期减去指定的天数。

SQL语句如下:

```
SELECT date_sub(current_date, 3);
```

运行结果:返回当前日期减去3天后的日期。

2023-10-20

5. 窗口函数

Spark SQL提供了多种窗口函数,这些函数允许用户对分区内的数据执行复杂的分析操作。以下是一些常用的Spark SQL窗口函数及其详细介绍,并给出基于people表的例子和真实的运行结果。

1) ROW_NUMBER()

描述:为窗口内的每一行分配唯一的连续整数。

例子:为people表中的每个人按照年龄排序并分配行号。

SQL语句如下:

```
SELECT name, age, address1, address2, address3,
       ROW_NUMBER() OVER (ORDER BY age ASC) as row_num
FROM people;
```

运行结果如下:

```
name    | age | address1       | address2  | address3  | row_num
--------|-----|----------------|-----------|-----------|---------
Alice   | 25  | 123 Main St    | NULL      | NULL      | 1
Bob     | 30  | 456 Elm St     | NULL      | NULL      | 2
Charlie | 35  | NULL           | NULL      | NULL      | 3
```

2) RANK()

描述:为窗口内的每一行分配一个排名,遇到相同的值时会有相同的排名,并且会跳过接下来的排名。

例子:为people表中的每个人按照年龄分配排名。

SQL语句如下:

```
SELECT name, age, address1, address2, address3,
       RANK() OVER (ORDER BY age ASC) as rank
FROM people;
```

运行结果如下:

```
name    | age | address1       | address2  | address3 | rank
--------|-----|----------------|-----------|----------|------
Alice   | 25  | 123 Main St    | NULL      | NULL     | 1
Bob     | 30  | 456 Elm St     | NULL      | NULL     | 2
Charlie | 35  | NULL           | NULL      | NULL     | 3
```

3) DENSE_RANK()

描述:与RANK()类似,但不会跳过排名。即使遇到相同的值,排名也会连续。

例子：为people表中的每个人按照年龄分配密集的排名。

SQL语句如下：

```
SELECT name, age, address1, address2, address3,
       DENSE_RANK() OVER (ORDER BY age ASC) as dense_rank
FROM people;
```

运行结果如下：

```
name    | age | address1       | address2   | address3  | dense_rank
--------|-----|----------------|------------|-----------|-----------
Alice   | 25  | 123 Main St    | NULL       | NULL      | 1
Bob     | 30  | 456 Elm St     | NULL       | NULL      | 2
Charlie | 35  | NULL           | NULL       | NULL      | 3
```

4）NTH_VALUE()

描述：返回窗口内指定位置的行的值。

例子：获取people表中年龄最小的那个人的名字。

SQL语句如下：

```
SELECT name, age, address1, address2, address3,
       NTH_VALUE(name, 1) OVER (ORDER BY age ASC) as youngest_person
FROM people;
```

运行结果如下：

```
name    | age | address1       | address2   | address3  | youngest_person
--------|-----|----------------|------------|-----------|-----------------
Alice   | 25  | 123 Main St    | NULL       | NULL      | Alice
Bob     | 30  | 456 Elm St     | NULL       | NULL      | Alice
Charlie | 35  | NULL           | NULL       | NULL      | Alice
```

5.4.2 自定义函数

除了利用DataFrame丰富的内置函数编程外，我们还可以自己编写满足特定分析需求的用户自定义函数（UDF）并加以使用。

Spark SQL与Hive类似，一般有3种自定义函数：

- UDF(user-defined function)：用户自定义函数，是最基本的自定义函数，类似to_char,to_date。
- UDAF(user-defined aggregation function)：用户自定义聚合函数，类似在GROUP BY之后使用的sum()、avg()等。
- UDTF(user-defined table-generating function)：用户自定义表生成函数，也是用户自定义强类型聚合函数，有点像stream里面的flatMap。

1. UDF函数

用户可以通过spark.udf功能添加自定义函数，实现自定义功能。UDF作为最基本的自定义函数，一般接收一个或多个输入列，并返回一个标量值。

例子：假设我们需要计算一个字符串列的长度，直接在Spark Shell模式下编写代码并运行即可。

```
import org.apache.spark.sql.functions.udf
import org.apache.spark.sql.SparkSession
val spark = SparkSession.builder.appName("UDF Example").getOrCreate()
// 定义一个标量 UDF, 计算字符串长度
val stringLengthUDF = udf((s: String) => s.length)
 // 注册 UDF
spark.udf.register("stringLength", stringLengthUDF)
// 使用 UDF
val peopleDF = spark.read.json("path/to/people.json")
peopleDF.select("name", callUDF("stringLength", "name").alias("name_length"))
    .show(false)
```

2. 用户自定义聚合函数（UDAF）

强类型的Dataset和弱类型的DataFrame都提供了相关的聚合函数，如count()、countDistinct()、avg()、max()、min()。除此之外，用户可以设定自己的自定义聚合函数。用户自定义的无类型聚合函数必须继承UserDefinedAggregateFunction抽象类，进而重写父类中的抽象成员变量和成员方法。其实重写父类抽象成员变量、方法的过程即是实现用户自定义函数的输入、输出规范以及计算逻辑的过程。

例如，用户自定义的求取平均值函数如代码5-1所示。

代码5-1　UDAFDemo.scala

```
import org.apache.spark.sql.expressions.MutableAggregationBuffer
import org.apache.spark.sql.expressions.UserDefinedAggregateFunction
import org.apache.spark.sql.types._
import org.apache.spark.sql.Row
import org.apache.spark.sql.SparkSession
//用户自定义的无类型聚合函数必须继承UserDefinedAggregateFunction抽象类
object MyAverage extends UserDefinedAggregateFunction {

// 聚合函数输入参数的数据类型（其实是该函数所作用的DataFrame指定列的数据类型）
    def inputSchema: StructType = StructType(StructField("inputColumn",
LongType) :: Nil)
    //聚合函数的缓冲器结构，定义了用于记录累加值和累加数的字段结构
    def bufferSchema: StructType = {
```

```scala
        StructType(StructField("sum", LongType) :: StructField("count",
LongType) :: Nil)
  }
  //聚合函数返回值的数据类型
  def dataType: DataType = DoubleType
    //此函数是否始终在相同输入上返回相同输出
  def deterministic: Boolean = true
//初始化给定的buffer聚合缓冲器
//buffer聚合缓冲器本身是一个"Row"对象,因此可以调用其标准方法访问buffer内的元素,例如在索引处检索一个值(例如,get()、getBoolean()、getLong());也可以根据索引更新其值。注意,buffer内的Array、Map对象仍然是不可变的
  def initialize(buffer: MutableAggregationBuffer): Unit = {
    buffer(0) = 0L
    buffer(1) = 0L
  }
//update函数负责将input代表的输入数据更新到buffer聚合缓存器中,buffer缓冲器记录着累加和(buffer(0))与累加数(buffer(1))
  def update(buffer: MutableAggregationBuffer, input: Row): Unit = {
    if (!input.isNullAt(0)) {
      buffer(0) = buffer.getLong(0) + input.getLong(0)
      buffer(1) = buffer.getLong(1) + 1
    }
  }
//合并两个buffer聚合缓冲器(buffer1,buffer2)的部分累加和、累加次数,并更新到buffer1主聚合缓冲器
//buffer1为主聚合缓冲器,代表着各个节点得到的部分结果经聚合后得到的最终结果,而buffer2代表着各个分布式任务执行节点的部分执行结果。因此,merge()的重写实质上是实现buffer1与多个buffer2的合并逻辑
  def merge(buffer1: MutableAggregationBuffer, buffer2: Row): Unit = {
    buffer1(0) = buffer1.getLong(0) + buffer2.getLong(0)
    buffer1(1) = buffer1.getLong(1) + buffer2.getLong(1)
  }
  //计算最终结果
  def evaluate(buffer: Row): Double = buffer.getLong(0).toDouble /
buffer.getLong(1)}
//需要特别注意的是,若是想在SQL语句中使用用户自定义函数,必须先将函数进行注册
spark.udf.register("myAverage", MyAverage)
val df = spark.read.json("examples/src/main/resources/employees.json")
df.createOrReplaceTempView("employees")
df.show()
// +-------+------+
// | name |salary|
// +-------+------+
// |Michael| 3000|
// | Andy| 4500|
// | Justin| 3500|
// | Berta| 4000|
```

```
// +-------+------+
val result = spark.sql("SELECT myAverage(salary) as average_salary FROM employees")
result.show()
// +--------------+
// |average_salary|
// +--------------+
// |        3750.0|
// +--------------+
```

3. 用户自定义表生成函数（UDTF）

Aggregator是一种类型安全的聚合器，可以用于对数据进行聚合操作。它将输入数据类型和输出数据类型分别定义为泛型，并提供了两个方法，可以对输入数据进行聚合操作并返回最终的输出数据。用户自定义表生成聚合函数需继承Aggregator抽象类，同样需要重写父类抽象方法（reduce、merge、finish）以实现自定义表生成函数的计算逻辑。相比于UDAF，UDTF内部与特定数据集的数据类型紧密结合，增强了紧密性、安全性，但降低了适用性。

用户自定义的求取平均值的表生成函数如代码5-2所示。

代码5-2　UDTFDemo.scala

```
import org.apache.spark.sql.expressions.Aggregator
import org.apache.spark.sql.Encoder
import org.apache.spark.sql.Encoders
import org.apache.spark.sql.SparkSession
//定义Employee样例类规范表生成函数输入数据的数据类型
case class Employee(name: String, salary: Long)
//定义Average样例类规范buffer聚合缓冲器的数据类型
case class Average(var sum: Long, var count: Long)
//用户定义的表生成函数必须继承Aggregator抽象类，注意需传入聚合函数输入数据、buffer缓冲器以及返回结果的泛型参数
object MyAverage extends Aggregator[Employee, Average, Double] {
  //定义聚合的零值，应满足任何b + zero = b
  def zero: Average = Average(0L, 0L)
  //定义作为Average对象的buffer聚合缓冲器如何处理每一条输入数据（Employee对象）的聚合逻辑。与代码5-1中的求取平均值的无类型聚合函数的update方法一样，每一次调用reduce都会更新buffer聚合缓冲器的值，并将更新后的buffer作为返回值
  def reduce(buffer: Average, employee: Employee): Average = {
    buffer.sum += employee.salary
    buffer.count += 1
    buffer
  }
  //与代码5-1中的求取平均值的无类型聚合函数的merge方法所实现的逻辑相同
  def merge(b1: Average, b2: Average): Average = {
    b1.sum += b2.sum
    b1.count += b2.count
    b1
```

```scala
    }
    //定义输出结果的逻辑。reduction表示buffer聚合缓冲器经过多次reduce、merge之后的最
终聚合结果,仍是Average对象记录着所有数据的累加和、累加次数
    def finish(reduction: Average): Double = reduction.sum.toDouble / reduction.count
    //指定中间值的编码器类型
    def bufferEncoder: Encoder[Average] = Encoders.product
    //指定最终输出值的编码器类型
    def outputEncoder: Encoder[Double] = Encoders.scalaDouble}
val ds = spark.read.json("examples/src/main/resources/employees.json").as[Employee]
ds.show()
// +-------+------+
// |   name|salary|
// +-------+------+
// |Michael|  3000|
// |   Andy|  4500|
// | Justin|  3500|
// |  Berta|  4000|
// +-------+------+
//将函数转换为"TypedColumn",并给它一个名称
val averageSalary = MyAverage.toColumn.name("average_salary")
val result = ds.select(averageSalary)result.show()
// +--------------+
// |average_salary|
// +--------------+
// |        3750.0|
// +--------------+
```

第 6 章
Spark SQL数据源

本章将介绍Spark SQL可以处理的各种数据源，包括Hive表、JSON和Parquet文件等，让读者从广度上了解Spark SQL在大数据领域对典型结构化数据源的皆可处理性，从而在实际工作中掌握这一强大的结构化数据分析工具。

本章主要知识点：

* Spark SQL数据加载、存储概述
* Spark SQL常见结构化数据源及应用

6.1 Spark SQL数据加载、存储概述

Spark SQL支持通过DataFrame接口对各种数据源进行操作。DataFrame既可用于关系转换操作（指的是map、filter这样的DataFrame转换算子操作，同RDD的转换操作一样是惰性求值），也可用于创建临时视图，即将DataFrame注册为临时视图，进而对数据运行SQL查询。

本节介绍使用Spark SQL数据源加载和保存数据的一般方法。

6.1.1 通用 load/save 函数

Spark SQL的默认数据源格式为Parquet格式。当数据源为Parquet文件时，Spark SQL可以方便地进行读取，甚至可以直接在Parquet文件上执行查询操作。修改配置项spark.sql.sources.default，可以修改默认数据源格式。

以下示例通过通用的load\save方法对Parquet文件进行读取和存储。

```
    val usersDF = sparkSession.read.load("examples/src/main/resources/
users.parquet")
    usersDF.select("name", "favorite_color").write.save
("namesAndFavColors.parquet")
```

正如前面所讲，sparkSession是Spark SQL的编程主入口，在读取数据源时，需要调用sparkSession.read方法返回一个DataFrameReader对象，进而通过其提供的、读取各种结构化数据源的方法来读取数据源，其中包括通用的load方法，返回的是DataFrame对象。

同样地，在上例第2行通过DataFrame.write方法返回了一个DataFrameWriter对象，进而调用其通用save方法，将DataFrame对象以Parquet文件格式存储。

Parquet是面向分析型业务的列式存储格式，由Twitter和Cloudera合作开发，2015年5月从Apache的孵化器里毕业成为Apache顶级项目。

Parquet是典型的列式存储格式，和行式存储相比具有以下优势：

（1）可以跳过不符合条件的数据，只读取需要的数据，从而降低I/O数据量。

（2）压缩编码可以降低磁盘存储空间。由于同一列的数据类型是一样的，因此可以使用更高效的压缩编码（例如Run Length Encoding和Delta Encoding）进一步节约存储空间。

（3）只读取需要的列，支持向量运算，能够获取更好的扫描性能。

之所以开发Parquet，是因为当时Twitter的日增数据量压缩之后达到100TB+，并存储在HDFS上，工程师会使用多种计算框架（例如MapReduce、Hive、Pig等）对这些数据进行分析和挖掘；日志结构是复杂的嵌套数据类型，例如一个典型的日志的schema有87列，嵌套了7层。因此需要设计一种列式存储格式，既能支持关系型数据（简单数据类型），又能支持复杂的嵌套类型的数据，同时能够适配多种数据处理框架。

关系型数据的列式存储可以将每一列的值直接排列下来，不用引入其他的概念，也不会丢失数据。关系型数据的列式存储比较好理解，而理解嵌套类型数据的列式存储则会遇到一些麻烦。如图6-1所示，我们把嵌套数据类型的一行叫作一个记录（record）。嵌套数据类型的特点是，对于一个record中的column，除了可以是Int、Long、String这样的原语（primitive）类型以外，还可以是List、Map、Set这样的复杂类型。在行式存储中一行的多列是连续写在一起的，在列式存储中数据按列分开存储，例如可以只读取A.B.C这一列的数据而不去读A.E和A.B.D。那么如何根据读取出来的各个列的数据重构出一行记录呢？

Google的Dremel系统解决了这个问题，核心思想是使用"record shredding and assembly algorithm"（记录粉碎与组装算法）来表示复杂的嵌套数据类型，同时辅以按列的高效压缩和编码技术，从而降低存储空间，提高I/O效率，降低上层应用延迟。Parquet就是基于Dremel的数据模型和算法实现的。

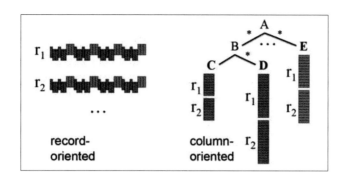

图 6-1　行式存储和列式存储

6.1.2　手动指定选项

当数据源不是Parquet格式文件时，需要手动指定数据源的格式。数据源格式需指定全名（如org.apache.spark.sql.parquet）；如果数据源为内置格式，则只需指定简称（json、parquet、jdbc、orc、libsvm、csv、text）即可。通过指定数据源格式名，还可以对DataFrame进行类型转换操作。

以下示例是将原为JSON格式的数据源转储为Parquet格式文件：

```
val peopleDF = spark.read.format("json").load("examples/src/main/resources/people.json")
peopleDF.select("name", "age").write.format("parquet").save("namesAndAges.parquet")
```

6.1.3　在文件上直接进行 SQL 查询

相比于使用read API将文件加载到DataFrame并对其进行查询，还可以使用SQL直接查询该文件。示例如下：

```
val sqlDF = spark.sql("SELECT * FROM parquet.'examples/src/main/resources/users.parquet'")
```

需要注意的是，在使用SQL直接查询Parquet文件时，需加"parquet."标识符和Parquet文件所在路径。

6.1.4　存储模式

保存操作可以选择使用存储模式（SaveMode），从而指定如何处理现有数据（如果存在），如表6-1所示。例如将数据追加到文件或者是覆盖文件内容。需要注意的是，这些存储模式不会使用任何锁定，也不是原子的。另外，当执行覆盖时，在写入新数据之前，旧数据将被删除。

表 6-1 存储模式

Scala/Java	任何语言	说明
SaveMode.ErrorIfExists(default)	"error"(default)	将 DataFrame 保存到数据源时，如果数据已经存在，则会抛出异常
SaveMode.Append	"append"	将 DataFrame 保存到数据源时，如果数据/表已存在，则 DataFrame 的内容将被附加到现有数据中
SaveMode.Overwrite	"overwrite"	覆盖模式意味着将 DataFrame 保存到数据源时，如果数据表已经存在，则 DataFrame 的内容将覆盖现有数据
SaveMode.Ignore	"ignore"	忽略模式意味着当将 DataFrame 保存到数据源时，如果数据已经存在，则保存操作不会保存 DataFrame 的内容，并且不更改现有数据。这与 SQL 中的 CREATE TABLE IF NOT EXISTS 类似

以下是存储模式运用示例，通过mode()方法设置将数据写入指定文件的存储模式：

```
people2DF.select("name", "age").write().mode(SaveMode.Append).save
("hdfs://hadoop1:9000/output/namesAndAges.parquet");
```

6.1.5　持久化到表

DataFrame也可以使用saveAsTable()方法作为持久化表保存到Hive metastore（Hive元数据库）中。需要注意的是，即使用户没有在集群中部署现有的Hive数据仓库以供持久化表的存储，也可以使用该功能，因为Spark将创建默认的本地Hive metastore（使用Derby）。与createOrReplaceTempView()方法不同，saveAsTable()将实现DataFrame的内容，并创建一个指向Hive metastore中指定持久化表的数据的指针。只要保持与同一个metastore的连接，Spark程序重新启动后，持久化表也仍然存在。可以通过调用SparkSession上的table（"table_name"）方法通过指定持久化表的表名来重新创建持久化表对应的DataFrame对象。

对于基于文件的数据源，例如文本文件、Parquet文件、JSON文件等，也可以通过路径选项自定义指定表的存储路径，例如peopleDF.write.option.("path","examples/src/main/resources/people.parquet").saveAsTable("people")。当表被删除时，自定义表路径不会被删除，并且表数据仍然存在。如果未指定自定义表路径，Spark会将数据写入Hive仓库目录下的默认表路径。当表被删除时，默认的表路径也将被删除。

从Spark 2.1开始，持久性数据源表将表的每个分区的元数据分开存储在Hive metastore中。这带来了以下好处：

- 由于metastore可以仅返回查询涉及的必要的分区数据，因此不必再为每一个查询遍历查询表的所有数据。
- 涉及表的分区的Hive DDL语句，如ALTER TABLE PARTITION ... SET LOCATION，现在可用于使用Datasource API创建的表。

注意，在创建外部数据源表（带有路径选项的表）时，默认情况下不会收集分区信息。要同步转移中的分区信息，可以调用MSCK重新建立表的分区信息。

6.1.6 桶、排序、分区操作

对于基于文件的数据源，可以根据需求对输出进行桶操作（bucket）。桶操作是一种将表或分区中的指定列的值作为key进行Hash分配到预定义数量的桶中的方法。这种操作有助于数据的均匀分布，从而支持高效的数据采样和查询。例如map、join、sort和partition操作。bucket和sort仅适用于持久化表。

对持久化表按name列进行桶操作，并指定生成42个桶（容器），且按age对数据排序：

```
peopleDF.write.bucketBy(42,
"name").sortBy("age").saveAsTable("people_bucketed")
```

将DataFrame对象存储为按照favorite_color列值分区的Parquet文件：

```
usersDF.write.partitionBy("favorite_color").format("parquet").save("names
PartByColor.parquet")
```

对持久化表组合进行分区操作和桶操作：

```
peopleDF
  .write
  .partitionBy("favorite_color")
  .bucketBy(42, "name")
  .saveAsTable("people_partitioned_bucketed")
```

Spark SQL如同关系数据库一样，能够支持数据表的bucket（Hive桶操作）、排序和分区操作，这些操作可以根据业务需求对表内数据进行管理存储，从而提升查询效率。至于怎样根据实际的业务需求，对表合理地进行排序、分区操作，读者可以进一步查阅数据库相关书籍中的数据的排序和分区等内容。

6.2 Spark SQL常见结构化数据源

Spark SQL支持多种结构化数据源，这些数据源主要包括Parquet文件、JSON数据集、Hive表和其他传统关系数据库内的数据表。本节分别针对这4种数据源进行详细的解释说明。

6.2.1 Parquet 文件

Parquet是一种流行的列式存储格式，可以高效存储具有嵌套字段的记录（传统关系数据库并不支持具有嵌套字段的记录，强调严格的二维表结构）。Parquet格式经常在Hadoop生态圈中使用，它也支持Spark SQL的全部数据类型。Spark SQL提供了直接读取和存储Parquet格式文件的方法。

```
//正如前面所述，DataFrame对象在创建过程中需要提供对应类的编码器，常见类的编码器可以通过
导入spark.implicits._自动提供
import spark.implicits._
val peopleDF =
sparkSession.read.json("examples/src/main/resources/people.json")
// peopleDF（DataFrame对象）保存为Parquet文件时，依然会保留结构信息（schema）
peopleDF.write.parquet("people.parquet")
// 读取上面创建的Parquet文件
// Parquet文件是自描述的，所以结构信息被保留
// 读取一个Parquet文件的结果是一个已具有完整结构信息的DataFrame对象
val parquetFileDF = sparkSession.read.parquet("people.parquet")
//除了上面提到的直接在Parquet文件上进行SQL查询之外，Parquet文件也可以用来创建一个临时
视图，然后在SQL语句中使用
parquetFileDF.createOrReplaceTempView("parquetFile")
val namesDF = spark.sql("SELECT name FROM parquetFile WHERE age BETWEEN 13 AND 19")
namesDF.map(attributes => "Name: " + attributes(0)).show()
// +------------+
// |       value|
// +------------+
// |Name: Justin|
// +------------+
```

1. 分区发现（partition discovery）

分区是数据库系统中用于提高查询性能的常用优化技术之一。在像Hive这样的数据库系统中，分区表允许数据根据不同的特征列值被分割成更易于管理的部分。在分区表中，不同分区的数据通常存储在不同的目录中；将数据分区的特定列值在被编码之后存储在每个分区目录的路径中，作为不同分区的标识。Parquet数据源现在可以自动发现和推断分区信息。

例如，我们可以使用以下目录结构将所有以前使用的人口数据存储到分区表中，其中包含两个额外的分区列，分别为gender和country。

```
path
└── to
    └── table
        ├── gender=male
        │   ├── ...
        │   │
        │   ├── country=US
        │   │   └── data.parquet
        │   ├── country=CN
```

```
            |   └── data.parquet
            └── ...
        └── gender=female
            ├── ...
            │
            ├── country=US
            │   └── data.parquet
            ├── country=CN
            │   └── data.parquet
            └── ...
```

通过将"path / to / table"分区表的根存储路径传递给SparkSession.read.parquet或SparkSession.read.load方法，Spark SQL将自动从路径中提取分区信息，并识别数据表的结构信息来创建DataFrame对象。在返回的DataFrame对象上调用printSchema()方法，可看到结构信息：

```
root
|-- name: string (nullable = true)
|-- age: long (nullable = true)
|-- gender: string (nullable = true)
|-- country: string (nullable = true)
```

注意，分区列的数据类型是自动推断的，目前支持数字数据类型和字符串类型。有时用户可能不希望自动推断分区列的数据类型。对于这些用例，自动类型推断可以通过spark.sql.sources.partitionColumnTypeInference.enabled进行配置，默认值为true。当禁用类型推断时，字符串类型将用于分区列。

默认情况下，分区发现功能仅支持在给定路径下寻找分区。对于上面的例子，如果用户将"path / to / table / gender = male"传递给SparkSession.read.parquet或SparkSession.read.load，性别不会被视为分区列。如果用户需要指定启动分区发现的基本路径，则可以在数据源选项中设置basePath。例如，当"path / to / table / gender = male"是数据的路径，并且用户将basePath设置为"path / to / table /"时，性别将是分区列。

2. 模式合并（schema merging）

像ProtocolBuffer、Avro和Thrift一样，Parquet也支持模式演进。用户可以从一个简单的schema开始，根据需要逐渐向schema添加更多的列。采用这种方式，用户可能会使用不同但相互兼容的schema的多个Parquet文件。Parquet数据源现在能够自动检测这种情况，并合并所有这些文件的模式。

由于模式合并是一个相对昂贵的操作，并且在大多数情况下不是必需的，因此从Spark1.5.0开始默认关闭它。我们可以通过以下两种方式开启模式合并：

（1）在读取Parquet文件时，将数据源选项mergeSchema设置为true，示例如下：

```
// 引入spark.implicits._，用于将RDD隐式转换为DataFrame
import spark.implicits._
// 创建一个简单的DataFrame，包含value、square两列，并将其存储到一个分区目录，该分区目录（key=1）表示额外的分区列为key，对应的值为1
val squaresDF = sparkSession.sparkContext.makeRDD(1 to 5).map(i => (i, i * i)).toDF("value", "square")
squaresDF.write.parquet("data/test_table/key=1")
// 创建另一个DataFrame，包含value、cube两列，并将其存储到相同表下的新的分区目录（data/test_table/key=2），表示额外的分区列为key，对应的值为2
// 增加一个cube列，去掉一个已存在的square列
val cubesDF = spark.sparkContext.makeRDD(6 to 10).map(i => (i, i * i * i)).toDF("value", "cube")
cubesDF.write.parquet("data/test_table/key=2")
// 读取完整的分区表，自动实现两个分区（key=1/2）的合并
val mergedDF = spark.read.option("mergeSchema", "true").parquet("data/test_table")
mergedDF.printSchema()
// 最终的schema不仅包含两个Parquet分区文件中的所有3列
// 还包含了作为分区目录的额外分区列key
/ root
// |-- value: int (nullable = true)
// |-- square: int (nullable = true
)// |-- cube: int (nullable = true)
// |-- key: int (nullable = true)
```

（2）将全局SQL选项spark.sql.parquet.mergeSchema设置为true。

3. Hive metastore Parquet表转换

当向Hive metastore中读写Parquet表时，Spark SQL将使用Spark SQL自带的Parquet SerDe（SerDe是Serialize/Deserialize的简称，用于序列化和反序列化），而不是用Hive的SerDe。Spark SQL自带的SerDe拥有更好的性能。这个优化的配置参数为spark.sql.hive.convertMetastoreParquet，默认值为开启。

4. Hive表与Parquet文件的schema转化兼容

从schema处理的角度对比Hive和Parquet，它们有两个区别：

- Hive区分大小写，Parquet不区分大小写。
- Hive允许所有的列为空，而Parquet不允许所有的列全为空。

由于这两个区别，当将Hive metastore Parquet表转换为Spark SQL Parquet表时，需要将Hive metastore schema和Parquet schema进行一致化。一致化规则如下：

（1）这两个schema中的同名字段必须具有相同的数据类型。一致化后的字段必须为Parquet的字段类型。这个规则同时也解决了空值的问题。

（2）一致化后的schema只包含Hive metastore中出现的字段。

（3）忽略只出现在Parquet schema中的字段。

（4）只在Hive metastore schema中出现的字段设为nullable字段，并加到一致化后的schema中。

5. 元数据刷新（metadata refreshing）

Spark SQL缓存了Parquet元数据以达到良好的性能。当Hive metastore Parquet表转换为enabled时，表修改后缓存的元数据并不能刷新。因此，当表被Hive或其他工具修改时，必须手动刷新元数据，以保证元数据的一致性。示例如下：

```
// 手动刷新表
sparkSession.catalog.refreshTable("my_table")
```

6. 配置

Parquet的相关配置选项可以使用SparkSession上的setConf方法，或在使用SQL查询时通过设置SET key = value来完成，如表6-2所示。

表6-2 Parquet 的相关配置选项

配置选项	默 认 值	含 义
spark.sql.parquet.binaryAsString	false	一些其他 Parquet 生产系统，特别是 Impala、Hive 和旧版本的 Spark SQL，在写出 Parquet schema 时不会区分二进制数据和字符串。该标志告诉 Spark SQL 将二进制数据解释为字符串，以提供与这些系统的兼容性
spark.sql.parquet.int96AsTimestamp	true	一些 Parquet 生产系统，特别是 Impala 和 Hive，将时间戳存储到 INT96 中。该标志告诉 Spark SQL 将 INT96 数据解释为时间戳，以提供与这些系统的兼容性
spark.sql.parquet.cacheMetadata	true	打开 Parquet 模式元数据的缓存。可以加快查询静态数据
spark.sql.parquet.compression.codec	snappy	设置写入 Parquet 文件时使用的压缩编解码器。可接收的值包括 uncompressed、snappy、gzip、lzo
spark.sql.parquet.filterPushdown	true	设置为 true 时启用 Parquet 过滤器下推优化
spark.sql.hive.convertMetastoreParquet	true	当设置为 false 时，Spark SQL 将对 Parquet 表使用 Hive SerDe 来实现序列化、反序列化，替代内置支持的 SerDe
spark.sql.parquet.mergeSchema	false	如果值为 true，则 Parquet 数据源合并从所有数据文件收集的 schema；如果值为 false，则 Spark SQL 在读取 Parquet 文件时，将只采用它遇到的第一个 Parquet 文件的 schema 作为整个读取操作的 schema

配置选项	默认值	含义
spark.sql.optimizer.metadataOnly	true	如果为true，则启用使用表元数据的仅限元数据查询优化来生成分区列，而不是表扫描。它适用于扫描的所有列都是分区列并且查询具有满足不同语义的聚合运算符的情况

6.2.2 JSON 数据集

Spark SQL可处理的数据源包括简洁高效、常用于网络传输的JSON格式数据集。

Spark SQL可以自动推断JSON数据集的结构信息，并将其作为DataSet[Row]（即DataFrame对象）返回。通过将Dataset [String]（其中String对象是典型的JSON格式字符串）或表示JSON文件存储位置的路径字符串传入SparkSession.read.json()方法中来完成此转换。

在使用JSON文件作为数据源时，需要特别注意JSON文件的格式。与典型的JSON文件不同，Spark SQL通常处理的是一种特殊的格式，称为JSON Lines。JSON Lines是一种文本格式，其中每行包含一个单独的、有效的JSON对象。更多有关信息，请参阅JSON Lines文本格式，也称为换行符分隔的JSON。

对于常规的多行JSON文件，将multiLine选项设置为true。

```
// 通过导入spark.implicits._支持自动生成原始类型(Int、String等)和Product类型(Case
类)的编码器来完成DataFrame的生成
import spark.implicits._
// JSON数据集通过存储路径进行指定
//路径可以是单个文本文件或存储文本文件的目录
val path = "examples/src/main/resources/people.json"
val peopleDF = spark.read.json(path)
// 推断得到的schema可以使用printSchema()方法来显示
peopleDF.printSchema()
// root
//  |-- age: long (nullable = true)
//  |-- name: string (nullable = true)
// 使用DataFrame创建一个临时视图
peopleDF.createOrReplaceTempView("people")
// SQL语句可以通过使用Spark提供的sql方法来运行
val teenagerNamesDF = spark.sql("SELECT name FROM people WHERE age BETWEEN 13 AND 19")
teenagerNamesDF.show()
// +------+
// |  name|
// +------+
// |Justin|
// +------+
```

```
// 或者，可以为由DataSet[String]表示的JSON数据集创建一个DataFrame，每个字符串存储一
个JSON对象
val otherPeopleDataset = spark.createDataset(
  """{"name":"Yin","address":{"city":"Columbus","state":"Ohio"}}""" :: Nil)
val otherPeople = spark.read.json(otherPeopleDataset)
otherPeople.show()
// +---------------+----+
// |        address|name|
// +---------------+----+
// |[Columbus,Ohio]| Yin|
// +---------------+----+
```

6.2.3 Hive 表

Spark SQL支持的数据源中还包括读取和写入存储在Apache Hive数据库中的数据表。

1. 编程前必要的准备——在Spark上激活Hive

为了让Spark SQL能够连接到已部署好的Hive数据仓库，我们需要将hive-site.xml（Hive配置文件）、core-site.xml（Hadoop配置文件）和hdfs-site.xml（HDFS配置文件）这几个配置文件放在$SPARK_HOME/conf/目录下，这样就可以通过这些配置文件找到Hive元数据库以及数据的实际存放位置了。

没有在Spark集群中部署Hive数据仓库的用户仍然可以启用Hive支持。当hive-site.xml未配置时，上下文会自动在当前目录下创建metastore_db（Hive元数据库），并创建由spark.sql.warehouse.dir指定的用于实际存储Hive中的数据文件的存储目录。

2. 正式读取Hive数据表

在指定了已部署好的Hive元数据库（或创建了一个本地模式的Hive数据仓库）后，可以在此基础上引入Spark SQL模块来访问Hive中的数据表。

正如以下示例所示，当在Spark SQL模块下使用Hive表时，首先需要在实例化SparkSsssion对象时显示指定完全的Hive支持。Spark SQL提供的Hive支持包括了Hive的必要部分：能够连接到稳定存在的Hive metastore，支持Hive SerDe以及Hive用户自定义函数的使用。

```
import java.io.File
import org.apache.spark.sql.Row
import org.apache.spark.sql.SparkSession
case class Record(key: Int, value: String)
// warehouseLocation指向托管数据库和表的默认位置
val warehouseLocation = new File("spark-warehouse").getAbsolutePath
//实例化SparkSession对象时，需通过enableHiveSupport()方法显式指定完全的Hive支持
val sparkSession = SparkSession
  .builder()
```

```scala
      .appName("Spark Hive Example")
      .config("spark.sql.warehouse.dir", warehouseLocation)
      .enableHiveSupport()
      .getOrCreate()
import spark.implicits._
import spark.sql
//通过SQL接口在Hive中创建src表,并将指定位置的原始数据存储在src Hive表中
sql("CREATE TABLE IF NOT EXISTS src (key INT, value STRING) USING hive")
sql("LOAD DATA LOCAL INPATH 'examples/src/main/resources/kv1.txt' INTO TABLE src")
// 使用HiveQL进行查询
sql("SELECT * FROM src").show()
// +---+-------+
// |key|  value|
// +---+-------+
// |238|val_238|
// | 86| val_86|
// |311|val_311|
// ...
// 包含着Hive聚合函数COUNT()的查询依然被支持
sql("SELECT COUNT(*) FROM src").show()
// +--------+
// |count(1)|
// +--------+
// |    500 |
// +--------+
// SQL查询的结果本身就是DataFrame,并支持所有正常的功能
val sqlDF = sql("SELECT key, value FROM src WHERE key < 10 ORDER BY key")
// DataFrame中的元素是Row类型的,允许按顺序访问每个列
val stringsDS = sqlDF.map {
  case Row(key: Int, value: String) => s"Key: $key, Value: $value"}
stringsDS.show()
// +--------------------+
// |               value|
// +--------------------+
// |Key: 0, Value: val_0|
// |Key: 0, Value: val_0|
// |Key: 0, Value: val_0|
// ...
// 也可以使用DataFrame在SparkSession中创建临时视图
val recordsDF = sparkSession.createDataFrame((1 to 100).map(i => Record(i, s"val_$i")))
recordsDF.createOrReplaceTempView("records")
// 在SQL查询中,可以对DataFrame注册的临时表和Hive表执行Join连接操作
sql("SELECT * FROM records r JOIN src s ON r.key = s.key").show()
// +---+------+---+------+
// |key| value|key| value|
```

```
// +---+------+---+------+
// |  2| val_2|  2| val_2|
// |  4| val_4|  4| val_4|
// |  5| val_5|  5| val_5|
// ...
```

开启Hive支持需要大量依赖包（提供了Hive的序列化/反序列化以及UDF等基本功能），这些依赖包并不包含在默认的Spark JAR包分发序列中，因而在没有使用Spark SQL模块或没有开启Hive支持的情况下，避免了不必要的网络传输。但当我们的Spark应用中需要Hive支持时，Spark会在相应JAR包路径下找到Hive依赖包，并自动加载它们。需要注意的是，这些Hive依赖包也会被分发于所有工作节点上，因为它们都需要访问Hive序列化和反序列化库（SerDe），以访问存储在Hive中的数据。

另外，如果在部署Hive的时候并没有选用默认的Derby元数据库，而是将元数据放在其他关系数据库中，例如MySQL，那么在提交任务之前，还需准备好MySQL相关驱动依赖包，例如mysql-connector-java-xxxxxx-bin.jar，并在使用spark-submit命令提交任务时，通过--jar参数指定所需依赖的JAR包。当然，也可以将MySQL驱动JAR包复制到spark的JAR包路径下。

3. 指定Hive表的存储格式

创建Hive表时，需要定义如何从/向文件系统读取/写入数据，即input format和output format；还需要定义该表如何将数据反序列化为行，或将行序列化为数据，即serde。

例如，CREATE TABLE src（id int）USING hive OPTIONS（fileFormat'parquet'）通过使用fileFormat'parquet'定义了Hive表将以Parquet格式写入文件系统。

表6-3中的选项可用于指定Hive表的存储格式。

表6-3 指定 Hive 表的存储格式

属 性 名	含 义
fileFormat	fileFormat 是一种存储格式规范包，包括 serde、input format 和 output format。目前主要支持 6 个 fileFormats: sequencefile、rcfile、orc、parquet、textfile 和 avro
inputFormat, outputFormat	这两个选项将相应的 InputFormat 和 OutputFormat 类的名称指定为字符串文字，例如，'org.apache.hadoop.hive.ql.io.orc.OrcInputFormat'。这两个选项必须成对出现，如果已经指定 fileFormat 选项，则不能指定它们
serde	这个选项指定一个 serde 类的名字。当指定 fileFormat 选项时，如果给定的 fileFormat 已经包含了 serde 的信息，就不要指定这个选项。目前 sequencefile、textfile 和 rcfile 不包含 serde 信息，可以在这 3 个 fileFormats 中使用这个选项
fieldDelim, escapeDelim, collectionDelim, mapkeyDelim, lineDelim	这些选项只能用于 textfile，它们定义了如何将分隔文件读入行

用OPTIONS定义的所有其他属性将被视为Hive serde属性。

默认情况下,将以纯文本形式读取表格文件。注意,Hive存储处理程序在创建表时不受支持,我们可以使用Hive端的存储处理程序创建一张表,并使用Spark SQL来读取它。

4. 与不同版本的Hive metastore进行交互

Spark SQL的Hive支持的重要的部分之一是与Hive metastore进行交互,这使得Spark SQL能够访问Hive表的元数据。从Spark 1.4.0开始,使用Spark SQL的单一二进制构建可以使用如表6-4所示的配置来查询不同版本的Hive转移。

> **注意** 独立于用于与转移点通信的Hive版本,内部Spark SQL将针对Hive 1.2.1进行编译,并使用这些类进行内部执行(serde、UDF、UDAF等)。

表6-4中的选项可用于配置用于检索元数据的Hive版本。

表 6-4 配置用于检索元数据的 Hive 版本的属性

属 性 名	默 认 值	含 义
spark.sql.hive.metastore.version	1.2.1	HiveMetastore 版本。可用的选项是 0.12.0 到 1.2.1
spark.sql.hive.metastore.jars	builtin	用来实例化 HiveMetastoreClient 的 JAR 包的位置。该属性的值可以是以下选项之一: • builtin:使用 Hive 1.2.1,当启用"启用"时,它将与 Spark 程序集捆绑在一起。当选择这个选项时,spark.sql.hive.metastore.version 必须是 1.2.1 或者没有定义。 • maven:使用从 Maven 存储库下载的指定版本的 Hive JAR。 通常不建议将此配置用于生产部署
spark.sql.hive.metastore.sharedPrefixes	com.mysql.jdbc, org.postgresql, com.microsoft.sqlserver, oracle.jdbc	在 Spark SQL 和特定版本的 Hive 之间共享类加载器加载的类时,使用共享类前缀的逗号分隔列表。应该共享的类的示例是需要与 metastore 对话的 JDBC 驱动程序。其他需要共享的类是那些与已经共享的类进行交互的类。例如,由 log4j 使用的自定义 appender
spark.sql.hive.metastore.barrierPrefixes	(empty)	一个以逗号分隔的类前缀列表,针对正在与 Spark SQL 进行通信的每个 Hive 版本进行显式重载。例如,Hive UDF 声明的前缀通常是共享的(即 org.apache.spark.*)

6.2.4 其他关系数据库中的数据表

Spark SQL的数据源还包括使用JDBC从其他数据库读取的数据表,也可以将DataFrame实例对象作为表存入其他数据库。此功能应优于使用JdbcRDD，因为相比于jdbcRDD，将数据表中的数据内容作为DataFrame对象返回，不仅可以使用DataFrame强大且丰富的API（例如，利用Spark SQL提供的SQL接口便捷地进行查询），还可以与其他数据源连接，有更大的灵活性。

1. 读取JDBC数据源前的准备

在读取JDBC数据源前，需要在Spark类路径（SPARK_CLASSPATH）下添加指定数据库的JDBC驱动程序的JAR包。例如，要从Spark Shell连接到postgres数据库时，需运行以下命令：

```
bin/spark-shell --driver-class-path postgresql-9.4.1207.jar --jars
postgresql-9.4.1207.jar
```

需要注意的是，若不是在Spark Shell中进行JDBC数据源存取测试，而是在IDE中编写程序，并通过spark-submit提交到Spark集群运行，同样需使用--jars参数上传指定数据库的JDBC驱动程序的JAR包；或者设置对应的类路径（SPARK_CLASSPATH），并在所有节点的该路径下添加JDBC驱动程序的JAR包。

2. 正式读取JDBC数据源

在Spark SQL中读取JDBC数据源时，用户需指定对应数据库的URL、用户名、密码以及要读取的是哪个数据库下的哪张数据表。示例如下：

```
//在SparkSession对象的read方法返回的DataFrameReader对象上，通过format("jdbc")
方法标识读取的是JDBC数据源，并通过多个option("key","value")方法组合分别实现JDBC的必要
连接属性（url、username、password、dbtable），最后通过load()方法加载数据表，返回相应数
据表内数据的DataFrame对象
val jdbcDF = sparkSession.read
  .format("jdbc")
  .option("url", "jdbc:postgresql:dbserver")
  .option("dbtable", "schema.tablename")
  .option("user", "username")
  .option("password", "password")
  .load()
//要读取JDBC数据源，除了上述采用多个option组合表示连接属性外，也可以通过将url、dbtable
这两个连接属性和包含除url、dbtable之外的其他所有连接属性的Properties对象，直接传入jdbc方
法中来实现
//实例化Properties类对象，并以键-值对形式添加相应JDBC连接属性
val connectionProperties = new Properties()
connectionProperties.put("user", "username")
connectionProperties.put("password", "password")
val jdbcDF2 = sparkSession.read
  .jdbc("jdbc:postgresql:dbserver", "schema.tablename",
connectionProperties)
```

3. 将DataFrame对象作为表写入其他数据库

同样地，我们可以在DataFrame.write方法返回的DatatFrameWriter对象上，通过format（"jdbc"）方法标识JDBC，并通过多个option（"key","value"）方法组合分别实现JDBC的必要连接属性（url、username、password、dbtable），最后通过save()方法将DataFrame对象以数据表的形式写入数据库。

```
jdbcDF.write
  .format("jdbc")
  .option("url", "jdbc:postgresql:dbserver")
  .option("dbtable", "schema.tablename")
  .option("user", "username")
  .option("password", "password")
  .save()
//与读取JDBC数据源相同，也可以将connectionProperties对象传入write.jdbc()方法中来
实现数据表的写入
jdbcDF2.write
  .jdbc("jdbc:postgresql:dbserver", "schema.tablename",
connectionProperties)
  // 写入数据表时，也可以通过option方法指定对应数据库创建该表时列的具体类型信息
jdbcDF.write
  .option("createTableColumnTypes", "name CHAR(64), comments VARCHAR(1024)")
  .jdbc("jdbc:postgresql:dbserver", "schema.tablename",
connectionProperties)
```

在上面的读取JDBC数据源和将DataFrame对象作为表写入特定数据库的实例中，我们只是指定了连接JDBC数据源的几个必要连接属性（url、用户名、密码以及数据库库名.数据表名）。除了必要的连接属性外，Spark还支持指定更多的与读取、写入相关的可控属性，如表6-5所示（选项皆不区分大小写）。

表6-5 与读取、写入相关的可控属性

属 性 名	含 义
url	要连接到的 JDBC URL。数据源特定的连接属性可以在 URL 中指定。例如，jdbc:postgresql://localhost/test?user=fred&password=secret
dbtable	要读取的 JDBC 表。注意，可以使用在 SQL 查询的 FROM 子句中有效的任何内容。例如，可以在括号中使用子查询，而不是一个完整的表
driver	用于连接到此 URL 的 JDBC 驱动程序的类名
partitionColumn, lowerBound, upperBound	如果指定了这 3 个选项中的任意一个，则这 3 个选项均需指定。另外，必须指定 numPartition。它们描述了在从多个工作节点并行读取时如何对表格进行分区。partitionColumn 必须是相关表中的数字列。注意，lowerBound 和 upperBound 仅用于决定分区跨度，而不用于过滤表中的行。因此表中的所有行都将被分区并返回。这个选项只适用于读取表

（续表）

属 性 名	含 义
numPartitions	表格读取和写入中可用于并行的分区的最大数目。这也决定了并发 JDBC 连接的最大数量。如果要写入的分区数量超过此限制，则在写入之前通过调用 coalesce（numPartitions）将其减少到此限制
fetchsize	JDBC 提取大小，它决定每次往返取多少行。这可以帮助默认为低读取大小的 JDBC 驱动程序的（例如，Oracle 默认 10 行）执行性能。这个选项只适用于读取表
batchsize	JDBC 批量大小，用于确定每次往返要插入多少行。这可以帮助提升 JDBC 驱动程序执行写入操作时的性能。这个选项只适用于写入表，默认值为 1000
isolationLevel	事务隔离级别，适用于当前连接。它可以是 NONE、READ_COMMITTED、READ_UNCOMMITTED、REPEATABLE_READ 或 SERIALIZABLE 之一，对应于由 JDBC 的 Connection 对象定义的标准事务隔离级别，默认值为 READ_UNCOMMITTED。这个选项只适用于写入表。请参阅 java.sql.Connection 中的文档
truncate	这是一个 JDBC 编写器相关的选项。启用 SaveMode.Overwrite 后，此选项将导致 Spark 截断现有表，而不是删除并重新创建它。这可以实现更高的效率，并防止表元数据（例如索引）被移除。但是，在某些情况下，例如新数据具有不同的模式，它将不起作用。它的默认值为 false。这个选项只适用于写入表
createTableOptions	这是一个 JDBC 编写器相关的选项。如果指定，则此选项允许在创建表（例如，CREATE TABLE t（name string）ENGINE = InnoDB）时设置数据库特定的表和分区选项。这个选项只适用于写入表
createTableColumnTypes	指定创建表时使用数据库列的数据类型，而不是使用默认值。应该使用与 CREATE TABLE 列语法（例如："name CHAR（64），comments VARCHAR（1024）"）相同的格式指定数据类型信息。指定的类型应该是有效的 Spark SQL 数据类型。这个选项只适用于写入表

Spark SQL的DataFrame接口支持操作多种数据源。一个DataFrame类型的对象可以像RDD那样操作（比如进行各种转换），也可以用来创建临时表。把DataFrame注册为一张临时表之后，就可以在它的数据上面执行SQL查询。

第 7 章 Spark SQL性能调优

本章主要讲解Spark的执行流程、Spark的内存分布以及如何划分stage，重点在于如何对Spark程序进行优化。学习完本章内容后，读者能了解优化的思想以及优化的方法。

本章主要知识点：

* Spark执行流程
* Spark内存管理
* Spark开发原则
* Spark调优方法
* 数据倾斜调优

7.1 Spark执行流程

SparkContext可以连接到不同的集群资源管理器，比如自带的standalone manager、Mesos和YARN。当SparkContext连接成功时，Spark可以获得集群节点上的executors（executor负责运行tasks并且将数据保存在内存或者硬盘中，executor使用多少个CPU核就能同时执行多少个task）。然后Spark把代码（发送给SparkContext的JAR包或者Python文件中的代码）发送到executors上。最后，SparkContext发送tasks到executors上运行。

在上述描述中，"当SparkContext连接成功时，Spark可以获得集群节点上的executors"，是对Spark的资源调度的简易概括，很好理解。"然后Spark把代码（发送给SparkContext的JAR或者Python文件中的代码）发送到executors上。最后SparkContext发送tasks到executors上运行。"，是对任务调度的描述，稍微有些混乱。具体来讲，Spark中负责任务调度的是DAGscheduler和TaskScheduler，其中DAGScheduler负责stage层面的划分和高层调度，而TaskScheduler负责同一stage内多个相同task（即相应task的执行代码）向executors的分发。taskTracker负责task的跟踪执行以及失败task的重新执行。

Spark执行流程可以总结为：用户通过Spark的API（如Scala、Python、Java等）编写应用程序，提交给Spark集群；Spark驱动程序负责将应用程序转换成RDD或DataFrame/Dataset的操作图，然后将任务提交给集群管理器（如YARN、Mesos或Spark自带的Standalone模式）；集群管理器根据资源情况分配执行器给Spark作业，执行器读取输入数据并执行具体计算任务，然后将结果回传给驱动程序；最终，驱动程序将结果汇总并返回给用户，完成整个执行流程。

一个Spark应用程序由一个driver进程和多个executor组成（分布在集群中）。driver安排工作，executor以task的形式响应并且执行这些工作，如图7-1所示。

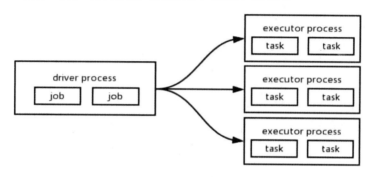

图 7-1　Spark 应用程序的组成

7.2　Spark内存管理

Apache Spark 3.1的内存管理是一个复杂但高效的系统，旨在优化分布式计算任务的性能。Spark的内存主要分为两大部分：Storage内存和Execution内存。这两部分内存的管理和抢占规则对于理解Spark的性能和优化至关重要。

1. Storage内存

Storage内存主要用于缓存数据，如RDD和广播变量。这些数据被缓存在内存中，以便在多个阶段重复使用，从而减少磁盘I/O和网络传输的开销。

Storage内存的大小由Spark应用程序启动时的--executor-memory或spark.executor.memory参数配置。在executor中，并发任务共享JVM堆内内存，这些任务在缓存RDD数据和广播数据时占用的内存被规划为Storage内存。

2. Execution内存

Execution内存主要用于执行分布式计算任务，用于shuffle、join、sort、aggregation这些计算操作。当任务需要执行这些操作时，它们会从Execution内存中获取所需的资源。

Storage内存和Execution内存共享同一块区域，它们可以相互转化。当Execution内存需求增加时，Spark可能会从Storage内存中借用一部分内存；反之，当Storage内存需求增加时，它可能会抢占Execution内存。

需要注意的是，虽然表面上Storage内存和Execution内存共享了同一块区域，但那块区域实际上被一个阈值（设这个阈值为R）划分为两个区域，分别对应于Storage内存和Execution内存。为什么要有这样的划分呢？这就涉及Storage内存和Execution内存之间内存抢占的问题。

3. 内存抢占规则

Spark的内存抢占规则是为了确保在资源紧张的情况下，任务能够公平地访问内存资源。以下是Spark 3.1中的内存抢占规则：

（1）空闲内存抢占：如果对方的内存空间有空闲，双方都可以抢占。这意味着无论是Storage内存还是Execution内存，只要有空闲资源，其他部分都可以尝试抢占。

（2）Execution内存抢占Storage内存：当分布式任务有计算需要时（如shuffle操作），Storage内存必须立即归还抢占的内存。这意味着当Execution内存需要资源时，即使Storage内存中有缓存的数据，也必须释放内存以满足Execution内存的需求。

（3）Storage内存抢占Execution内存：当Storage内存需要回收内存时（如为了缓存新的RDD数据），必须等到分布式任务执行完毕才能释放内存。这意味着即使Execution内存中有空闲资源，Storage内存也不能立即抢占，必须等待任务完成。

7.3 Spark的一些概念

前面介绍了一些Spark的概念，这里为了阅读方面，再回顾一下相关概念。

（1）Spark应用程序作为独立的进程集运行在集群上，通过主程序（即驱动程序，含有main()方法，并且在里面创建了SparkContext实例）的SparkContext对象来协调，SparkContext在一个驱动程序中只能有一个实例。其实在SparkContext初始化的过程中，其内部实例化了DAGScheduler、TaskScheduler等必要对象，负责任务的划分、调度。

（2）job包含许多的task（也许翻译为工作单元比较合适），job可以切分成一组一组的task，切分之后的一组task被称为stage。

这里既然提到了stage，那就再说一下stage划分的问题：

- 宽依赖（Wide Dependencies）：父RDD的数据被多个子RDD使用。
- 窄依赖（Narrow Dependencies）：父RDD的数据只被一个子RDD使用，通常意味着shuffle操作，这也是stage边界的划分点。

简单来说就是从左往右看，遇到宽依赖就划分为一个stage；遇到窄依赖就跳过，视为处于同一个stage中。

图7-2和图7-3是Spark论文里面的两幅图，清晰地介绍了stage的划分以及宽依赖和窄依赖的区别，图片来自https://amplab.cs.berkeley.edu/wp-content/uploads/2012/01/ nsdi_spark.pdf。

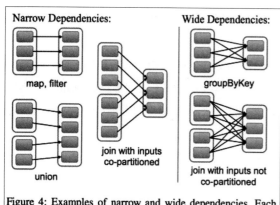 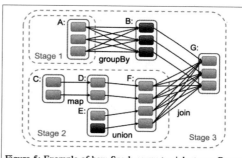

图 7-2　宽依赖和窄依赖　　　　　　　　图 7-3　stage 的划分

为什么要有宽依赖和窄依赖之分呢？因为在计算过程中，如果发生了数据丢失的情况，Spark就会通过这些依赖关系重新计算出数据丢失的那一部分。

（3）数据在执行的过程中被切分为一块一块的，称之为partition，一个task处理一个partition。

7.4　Spark开发原则

Spark有以下六个开发原则：

开发原则一：避免创建重复的RDD

通常来说，我们在开发一个Spark作业时，首先是基于某个数据源（比如Hive表或HDFS文件）创建一个初始的RDD，接着对这个RDD执行某个算子操作，然后得到下一个RDD，以此类推，循环往复，直到计算出最终我们需要的结果。在这个过程中，多个RDD会通过不同的算子操作（比如map、reduce等）串起来，这个"RDD串"就是RDD lineage，也就是"RDD的血缘关系链"。在开发过程中要注意：对于同一份数据，只应该创建一个RDD，不能创建多个RDD来代表同一份数据。一些Spark初学者在刚开始开发Spark作业时，或者是有经验的工程师在开发RDD lineage极其冗长的Spark作业时，可能会忘了自己之前对于某一份数据已经创建过一个RDD了，从而导致对于同一份数据创建了多个RDD。这就意味着，我们的Spark作业会进行多次重复计算来创建多个代表相同数据的RDD，进而增加了作业的性能开销。

下面举例说明。需要对名为"hello.txt"的HDFS文件进行一次map操作，再进行一次reduce操作。也就是说，需要对一份数据执行两次算子操作。

```
// 错误的做法：对同一份数据执行多次算子操作时，创建多个RDD

rdd1.map(...)
val rdd2 = sc.textFile("hdfs://192.168.0.0:8020/hello.txt")
rdd2.reduce(...)
```

这里执行了两次textFile方法，即针对同一个HDFS文件创建了两个RDD出来，然后分别对每个RDD执行了一个算子操作。在这种情况下，Spark需要从HDFS上加载两次hello.txt文件的内容，并创建两个单独的RDD。第二次加载HDFS文件以及创建RDD的性能开销很明显白白浪费掉了。

```
// 正确的做法：对同一份数据执行多次算子操作时，只使用一个RDD

rdd1.map(...)
rdd1.reduce(...)
```

这种写法很明显比上一种写法好多了，因为我们对于同一份数据只创建了一个RDD，然后对这一个RDD执行了多次算子操作。但要注意，到这里时优化还没有结束，由于rdd1被执行了两次算子操作，第二次执行reduce操作的时候，还会再次从源头处重新计算一次rdd1的数据，因此还是会有重复计算的性能开销。

要彻底解决这个问题，必须结合"开发原则三：尽可能复用同一个RDD"，才能保证一个RDD在多次使用时只被计算一次。

开发原则二：避免创建重复的DataFrame

重复创建相同的DataFrame是初学者比较容易犯的一个错误。

对于一个会被多次使用的数据集，我们应该只创建一个DataFrame实例来表示它。

很多读者写代码时有复制粘贴的习惯，不是说这个习惯不好，而是这个习惯很容易导致相同的DataFrame在无意中被创建多次。如果对同一个数据集创建了多个相同的DataFrame实例，就会浪费内存资源，甚至还会导致重复计算的问题。因此，读者在写代码的时候一定要留心，避免重复创建相同的DataFrame实例。

下面是一个低效的代码例子：

```
val spark = SparkSession.builder().getOrCreate()
...
for( a <- 1 to 10){
  val df=spark.read.json("employee.json")
  ...
}
...
```

上述代码在for循环里循环创建了相同的DataFrame，这对资源造成了浪费。注意，要避免编写这种低效率的代码。

修改方法是把df放到for循环外面就可以了，改正后的代码如下：

```
val spark = SparkSession.builder().getOrCreate()
...
val df = spark.read.json("employee.json")
for( a <- 1 to 10){
  ...
}
...
```

开发原则三：尽可能复用同一个RDD

除了要避免在开发过程中对同一份数据创建多个RDD之外，在对不同的数据执行算子操作时，还要尽可能地复用同一个RDD。比如，有一个RDD的数据格式是key-value类型的，另一个是单value类型的，这两个RDD的value数据是完全一样的，那么此时可以只使用key-value类型的那个RDD，因为其中已经包含了另一个RDD的数据。对于类似这种多个RDD的数据有重叠或者包含的情况，我们应该尽量复用一个RDD，这样可以尽可能地减少RDD的数量，从而尽可能减少算子执行的次数。

例如，有一个<Long, String>格式的RDD，即rdd1，由于业务需要，对rdd1执行了一个map操作，创建了一个rdd2，而rdd2中的数据仅仅是rdd1中的value值而已，也就是说，rdd2是rdd1的子集。

```
JavaPairRDD<Long, String> rdd1 = ...
JavaRDD<String> rdd2 = rdd1.map(...)

// 分别对rdd1和rdd2执行不同的算子操作
rdd1.reduceByKey(...)
rdd2.map(...)
```

在这个例子中，rdd1和rdd2就是数据格式不同而已，rdd2的数据完全就是rdd1的子集，却创建了两个rdd，并对两个rdd都执行了一次算子操作。此时会因为对rdd1执行map算子来创建rdd2，而多执行一次算子操作，进而增加性能开销。其实在这种情况下，完全可以复用同一个RDD。我们可以使用rdd1既做reduceByKey操作，也做map操作。在进行第二个map操作时，只使用每个数据的tuple._2，也就是rdd1中的value值。

```
JavaPairRDD<Long, String> rdd1 = ...
rdd1.reduceByKey(...)
rdd1.map(tuple._2...)
```

第二种方式相较于第一种方式而言，很明显减少了一次rdd2的计算开销。但是到这里优化还没有结束，对rdd1还是执行了两次算子操作，rdd1实际上还是会被计算两次。因此还需要配合"对多次使用的RDD进行持久化",才能保证一个RDD在多次使用时只被计算一次。

开发原则四:避免重复性的SQL查询,对DataFrame复用

这个用语言表述比较麻烦,我们直接看代码吧。

假设有一张students表。下面这段是低效的代码:

```
val spark = SparkSession.builder().getOrCreate()
import spark.implicits._
val studentNameAndAge = spark.sql("SELECT name,age FROM students WHERE class=1")
...
//经过多行代码之后
...
val studentName = spark.sql("SELECT name FROM students WHERE class=1 AND age > 20")
```

上面的这段代码对students表查询了两次,如果这张表特别大,查询的效率就会很低。

这里说一下,在Spark的Scala API里面,DataFrame的定义是这样的:

```
type DataFrame = Dataset[Row]
```

因此DataFrame可以使用Dataset的一些方法。

下面是修正之后的代码:

```
val spark = SparkSession.builder().getOrCreate()
import spark.implicits._
val studentNameAndAge = spark.sql("SELECT name,age FROM students WHERE class=1")
...
//经过多行代码之后
...
val studentName = studentNameAndAge.filter($"age" > 20)
```

这样代码的效率就会提高。因为开发程序通常会写很多行代码,许多人写着写着就忘记了上面的SQL和接下来的SQL是否执行了相同效果的查询(代码一长难免会不记得),导致了对表的不必要的重复查询。读者写代码的时候需要注意这个问题,避免写出低效的代码,尽量复用前面定义的DataFrame。

开发原则五:注意数据类型的使用

这条原则有两点需要注意的地方:

1)在生成DataFrame或Dataset时如何定义数据的类型

这个问题需要在我们定义变量的时候考虑清楚。Scala提供了丰富的数据类型,我们要根据场景选择合适的数据类型。能用Byte类型，就不要为了方便定义成Int类型。一个Byte类型是8位，而Int类型是32位，一旦将数据进行缓存，内存的消耗将会翻倍。在使用Spark SQL的时候，定义合适的数据类型可以节省比较可观的内存资源。

2）在代码中能用基本类型的时候，就尽量使用基本类型

由于每个不同的Java对象都有一个"对象头"，这个"头"大概是16字节，里面包含一些信息，例如一个指向类的指针。

像String这样的就比Char类型的数组开销大40字节，因为它不仅存储了数据本身，还包含了其他数据（比如String的length）。同时因为它是用UTF-16编码的，所以每个字符占到了2字节。因此，一个10字符长的String会占60字节的大小。

要避免使用类与对象里面包含对象以及指针的这种嵌套结构。还可以考虑使用数值型的ID或者枚举类型替代用字符串表示的键。此外，常用的集合类，比如HashMap、LinkedList，使用链表的数据结构。其中每个元素（比如Map.Entry）都有一个"包装"对象，这种对象不仅具有上面所说的"对象头"，还包含指向下一个对象的指针。

因此，对于自定义的对象、String、集合等，在不影响代码的可读性、可维护性的情况下，能不用就尽量不用，因为它们占用比较大的内存。

开发原则六：写出高质量的SQL

在使用SQL查询的时候，一条高质量的SQL语句将节省大量的查询时间，以及节省宝贵的计算资源和内存资源。关于如何写出高质量的SQL语句，由于篇幅过长，也偏离了本书一开始定下的目标，这里就不展开描述了。

如果读者之前接触过SQL的优化，想必听说过SQL的执行计划。获取执行计划是SQL优化很关键的一部分，下面来介绍一下如何获取SQL的执行计划。

这里建议读者在Spark Shell里面跟着执行以下语句，亲自编写语句能有效地理解语句的意思及其作用。

需要准备的数据：在HDFS里对应账户的文件夹下放置一个JSON文件（笔者将其放置在了HDFS里面的/user/root/employee.json中），文件内容如下：

```
{"id" : "1201", "name" : "satish", "age" : "25"}
{"id" : "1202", "name" : "krishna", "age" : "28"}
{"id" : "1203", "name" : "amith", "age" : "39"}
{"id" : "1204", "name" : "javed", "age" : "23"}
{"id" : "1205", "name" : "prudvi", "age" : "23"}
```

准备的数据文件只有一个，下面我们进入Spark Shell。

（1）读取employee.json文件，如图7-4所示。

```
scala> val employee = spark.read.json("employee.json")
employee: org.apache.spark.sql.DataFrame = [age: string, id: string ... 1 more f
ield]
```

图 7-4　读取 employee.json 文件

（2）创建临时视图，如图7-5所示。

```
scala> employee.createOrReplaceTempView("employee")
```

图 7-5　创建临时视图

（3）查看视图的schema，如图7-6所示。

```
scala> employee.printSchema
root
 |-- age: string (nullable = true)
 |-- id: string (nullable = true)
 |-- name: string (nullable = true)
```

图 7-6　查看视图的 schema

（4）通过toDebugString查看分区信息，如图7-7所示。

```
scala> employee.rdd.toDebugString
res1: String =
(1) MapPartitionsRDD[7] at rdd at <console>:26 []
 |  MapPartitionsRDD[6] at rdd at <console>:26 []
 |  MapPartitionsRDD[5] at rdd at <console>:26 []
 |  FileScanRDD[4] at rdd at <console>:26 []
```

图 7-7　通过 toDebugString 查看分区信息

（5）获取SQL的执行计划，如图7-8所示。

在http://<driver>:4040这个Web UI的SQL栏中，可以看到执行的详细情况，如图7-9所示。在图7-9中显示的各种计划都依次罗列了出来。

```
scala> sql("select * from employee").queryExecution
res5: org.apache.spark.sql.execution.QueryExecution =
== Parsed Logical Plan ==
'Project [*]
+- 'UnresolvedRelation `employee`

== Analyzed Logical Plan ==
age: string, id: string, name: string
Project [age#8, id#9, name#10]
+- SubqueryAlias employee
   +- Relation[age#8,id#9,name#10] json

== Optimized Logical Plan ==
Relation[age#8,id#9,name#10] json

== Physical Plan ==
*FileScan json [age#8,id#9,name#10] Batched: false, Format: JSON, Location: InMe
moryFileIndex[hdfs://localhost:9000/user/root/employee.json], PartitionFilters:
[], PushedFilters: [], ReadSchema: struct<age:string,id:string,name:string>
```

图 7-8　获取 SQL 的执行计划

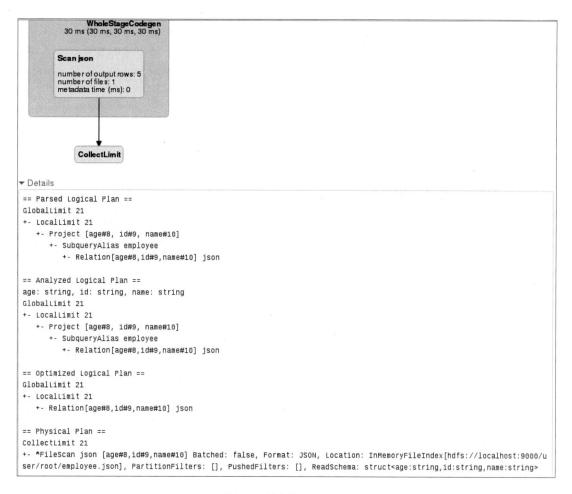

图 7-9　执行的详细情况

总结：上面几个原则都是编写程序时需要注意的小细节，虽然看起来很简单，却能有效地提高代码的执行效率。不要嫌啰嗦，因为细节决定成败。如果要处理的数据量很大，稍有不慎就会对时间以及计算资源造成极大的浪费。想要写出高质量的代码，仔细斟酌代码是非常有必要的。

7.5　Spark调优方法

在大数据计算领域，Spark已经成为越来越流行、越来越受欢迎的计算平台之一。Spark的功能涵盖了大数据领域的离线批处理、SQL类处理、流式/实时计算、机器学习、图计算等各种不同类型的计算操作，应用范围与前景非常广泛。然而，通过Spark开发出高性能的大数据计算作业并不是那么简单的。如果没有对Spark作业进行合理的调优，Spark作业的执行速度可能会很慢，这样就完全体现不出Spark作为一种快速大数据计算引擎的优势。因此，想要用好Spark，就必须对它进行合理的性能优化。Spark的性能调优实际上是由很多部分组成的，不是调节几个参数就可以立竿见影地提升作业性能的。我们需要根据不同的业务场景以及数据情况，对Spark作业进行综合性的分析，然后进行多个方面的调节和优化，才能获得最佳性能。所有Spark作业都需要注意和遵循的一些基本原则，形成了较为常用的调优方法，这是高性能Spark作业的基础。Spark中的调优方法主要介绍以下几种。

1. 优化数据结构

在Java中有3种类型比较耗费内存：① 对象，每个Java对象都有对象头、引用等额外的信息，因此比较占用内存空间；② 字符串，每个字符串内部都有一个字符数组以及长度等额外信息；③ 集合类型，比如HashMap、LinkedList等，集合类型内部通常会使用一些内部类来封装集合元素，比如Map.Entry。因此，Spark官方建议，在Spark编码实现中，特别是算子函数中的代码，尽量不要使用上述3种数据结构，尽量使用字符串替代对象，使用原始类型（比如Int、Long）替代字符串，使用数组替代集合类型，以尽可能地减少内存占用，从而降低GC频率，提升性能。但是笔者在编码实践中发现，要做到该原则其实并不容易，因为我们同时要考虑代码的可维护性。如果一段代码中完全没有任何对象抽象，全部是字符串拼接的方式，那么对于后续的代码维护和修改，无疑是一场巨大的灾难。同理，如果所有操作都基于数组实现，而不使用HashMap、LinkedList等集合类型，那么对于编码难度以及代码的可维护性，也是一个极大的挑战。因此笔者建议，在可能以及合适的情况下，使用占用内存较少的数据结构，但前提是要保证代码的可维护性。

2. 使用cache（缓存）

我们知道数据在内存中的计算是非常快的。因此可以把需要进行多次操作的表缓存到内存中，避免对磁盘进行多次I/O操作。

缓存有两种方式，代码如下：

```
import org.apache.spark.storage._
val spark = SparkSession.builder().getOrCreate()
val df = spark.read.json("employee")
df.createOrReplaceTempView("employee")

//方式一：缓存到内存中
spark.catalog.cacheTable("employee")         //这样就缓存到内存当中了
//如果不需要缓存了，就清除它，清除方式如下
spark.catalog.uncacheTable("employee")
//如果需要清除所有缓存，就使用clearCache()
spark.catalog.clearCache()
//如果需要查看是否已经缓存，就使用isCached()
if( spark.catalog.isCached("employee") ){
    print("yes")
}else{
    print("no")
```

```
}
//方式二：对DataFrame持久化

df.cache()        //这个默认的持久化级别是MEMORY_AND_DISK
df.persist()      //这个和上面一行代码的效果是一样的
df.persist(StorageLevel.MEMORY_ONLY)//使用MEMORY_ONLY时的持久化级别
df.unpersist()    //释放
```

除了手动进行缓存之外，Spark在执行shuffle操作的时候也会自动对一些中间数据进行缓存，比如reduceByKey。

上面第2种缓存方式是对DataFrame持久化，相比于RDD的默认持久化级别MEMORY_ONLY，DataFrame的默认持久化级别是MEMORY_AND_DISK。持久化级别如表7-1所示。

表7-1 持久化级别

持久化级别	说明
MEMORY_ONLY	RDD的数据直接以Java对象的形式存储于JVM的内存中。如果内存空间不足，则剩下的分区不会被缓存到内存中。这些分区将在需要的时候重新计算
MEMORY_AND_DISK	RDD的数据直接以Java对象的形式存储于JVM的内存中。如果内存空间不足，则剩下的分区会被缓存到磁盘中。这些分区将在需要的时候会从磁盘中读取
MEMORY_ONLY_SER (Java and Scala)	RDD以数据序列化后的Java对象的形式存储在JVM的内存中（一个字节数组存放一个分区）。序列化之后会比未序列化的时候节省很多空间（特别是在使用一个快速序列化工具的时候），但是序列化的同时会消耗CPU资源
MEMORY_AND_DISK_SER (Java and Scala)	和MEMORY_ONLY_SER差不多，两者的区别在于该序列化级别会在内存不够的情况下将剩下的分区序列化之后存储到磁盘中
DISK_ONLY	将RDD分区只存储到磁盘中（不进行序列化）
MEMORY_ONLY_2, MEMORY_AND_DISK_2, etc.	和之前的MEMORY_ONLY、MEMORY_AND_DISK差不多，区别在于每个RDD分区有两个备份存储在集群的不同节点上
OFF_HEAP (experimental)	和MEMORY_ONLY_SER类似，但是数据存储在off-heap内存中，这需要确保off-heap内存可以使用（该功能还处于实验状态）

3. 对配置属性进行调优

Spark3.1.0版本的Spark SQL的一些常见的优化配置属性如下：

- spark.sql.files.maxPartitionBytes：控制每个分区的最大字节数，用于手动分区读取。
- spark.sql.files.openCostInBytes：估算文件开销，用于手动分区读取。
- spark.sql.broadcastTimeout：广播任务的超时时间。
- spark.sql.shuffle.partitions：控制shuffle过程中的分区数。
- spark.sql.autoBroadcastJoinThreshold：控制自动广播合并的阈值大小。

- spark.sql.codegen：是否启用代码生成优化。
- spark.sql.costModel：选择不同的成本模型。
- spark.sql.join.preferSortMergeJoin：是否优先考虑排序合并合并。
- spark.sql.orc.filterPushdown：是否开启ORC格式下的过滤下推优化。
- spark.sql.orc.vectorize：是否开启ORC格式下的矢量化读取优化。

这些属性可以在Spark的配置文件spark-defaults.conf中设置，或者在创建SparkSession时通过.config()方法进行设置。例如：

```
val spark = SparkSession.builder()
.appName("Spark SQL Optimization Example")
.config("spark.sql.files.maxPartitionBytes", "67108864")
.config("spark.sql.autoBroadcastJoinThreshold", "10485760")
.getOrCreate()
```

注意，具体配置项可能随着Spark版本的更新而变化。

需要说明的是，Spark每个版本的调优属性不一样，有新增的，也有删除的。要想获得最准确的信息，应当去官网找相应版本的文档进行查看。因此，这里只能简单地说一下如何使用这些配置属性，具体的建议请读者查看官方文档Programming Guides中SQL里面的Performance Tuning小节。

下面简单介绍多个版本中Spark SQL的一些参数的作用和区别。

- spark.sql.inMemoryColumnStorage.compressed：默认值为true，它的作用是自动对内存中的列式存储进行压缩。
- spark.sql.inMemoryColumnStorage.batchSize：默认值为1000，代表列式缓存时每个批处理的大小。如果将这个值调得过大，可能会产生out of memory（OOM，内存溢出）的异常。因此，在设置这个的参数的时候要注意实际的内存大小。

上面两个参数在之前的多个版本都能使用。

下面几个参数可能在之后的新版本中保留或者删除。

- spark.sql.files.maxPartitionBytes：默认值是134217728(128MB)，这个参数代表着partition的最大大小。
- spark.sql.files.openCostInBytes：默认值是4194304(4MB)，这个参数代表的是小于4MB的文件会合并到一个partition中。
- spark.sql.broadcastTimeout：默认值是300，广播的超时时间，以秒为单位。
- spark.sql.autoBroadcastJoinThreshold：默认值是10485760(10MB)，表示大表.join（小表）。读者可以根据需要广播的小表调整参数的大小。当使用连接操作的时候，会自动将小于阈值的表广播给所有工作节点。利用好这个属性可以降低数据传输的网络开销。当这个属性的值被设为-1时，关闭广播。

- spark.sql.shuffle.partitions：默认值是200，这个参数代表着执行连接操作或聚合操作时数据分区的数目（由于计算是以partition为单位进行的，因此有些博客称之为并行度，这里需要读者稍微注意一下）。读者根据实际情况调大或调小找到合适值就好。该参数在一定程度上能减少数据倾斜。

上面这些都是针对Spark SQL的属性，接下来说的是针对整个Spark的属性。

- spark.default.parallelism：这个是Spark的默认并行度（就是默认的分区数目）。对于不同的环境，默认配置不一样：
    - 对于local模式来说，这个属性的值是机器上的核心数。
    - 对于Mesos的细粒度模式来说，这个属性的值是8。
    - 对于其他的资源管理器，比如YARN，对应的值是所有执行节点的核心数，最低是2。

通常，每个CPU核分配2~3个task，对于有超线程技术的CPU，还是要以核心数为主，而不是核心数×2。

- park.executor.core和spark.executor.memory：这两个属性是修改每个executor使用的核心数以及内存大小。
- spark.dirver.core和spark.dirver.memory：这两个属性是修改每个驱动进程使用的核心数以及内存大小。
- spark.executor.instances：这个属性是设置启动的executor的数目。

> **提示** http://<driver>:4040这个页面给我们提供了很多非常实用的信息，希望读者能花些时间熟悉一下这个Web UI。在该页面的Environment栏中可以查看已经生效的属性，未显示在上面的属性则认为是使用了默认值。由于配置属性是随着版本的发行而经常变动的，因此这里就不详细叙述了，读者可根据自己使用的Spark版本查阅相应的文档。

下面举一个使用Spark on YARN的例子。

在该集群上有6台主机运行着NodeManager，每台主机有16个核心和64GB的内存。

- yarn.nodemanager.resource.memory-mb设置为63×1024MB=64512MB=63GB。
- yarn.nodemanager.resource.cpu-vcores设置为15。

为什么不设置为64×1024MB=65536MB的内存和16个核心呢？因为系统运行需要内存，Hadoop的守护进程也需要内存，所以要留1GB和1个核心给它们。然后读者可能会使用下面这种配置：

```
--num-executors 6  --executor-cores 15  --executor-memory 63G
```

这仍然是不妥当的，因为我们还需要考虑executor的内存开销。63GB分配给executor使用，再加上executor本身的内存开销，就超过了分配给NodeManager的63GB的内存。

除此之外，我们还需要考虑ApplicationMaster的CPU使用。ApplicationMaster本身需要占用一个核心，剩下的就不够15个核心了，也就是说分配不到15个核心给executor。

此外，给一个executor分配15个核心还会导致HDFS的I/O吞吐量变得很差。

下面是改良之后的参考配置：

```
--num-executors 17 --executor-cores 5 --executor-memory 19G
```

使用上面这种配置，这样5台主机上每台都有3个executor。最后一台主机上面只有两个executor，是因为这台主机上还运行着ApplicationMaster。

关于内存的计算如下：

```
63GB/3=21.21GB
21.21GB*0.07=1.47GB
21.21GB-1.47GB≈19GB
```

上面的0.07是怎么来的呢？这与spark.yarn.executor.memoryOverhead这个参数有关：在Spark2.2.1版本中该属性的取值默认是0.10*executorMemory，低于384MB按384MB算，对于0.10，这里可以取其他值，比如0.06~0.10，上面的0.07的作用就相当于0.10的作用。

4. 合理使用广播

对于比较大的变量，我们可以将它广播到每一个节点中，以节省网络通信的开销。在不广播的情况下，每个task有一个数据的副本，在广播之后每个executor保留一份数据的副本。因为广播之后减少了数据副本的数量，所以在减少网络传输开销的同时也相应地节省了一些资源。

广播的使用方式如下：

```
val broadcastVar = sc.broadcast(Array(1, 2, 3))  //这样我们就把Array(1,2,3)广播到各个节点当中去了
broadcastVar.value //这样就可以调用Array(1,2,3)
```

5. 尽量避免使用shuffle算子

shuffle操作涉及磁盘的I/O操作、数据的序列化和网络的I/O。某些shuffle操作会消耗大量的内存，它会把相同的key发到一个节点中，进行连接或者聚合操作。当具有相同key的数据量特别大的时候，内存有可能溢出，于是将数据写到磁盘上，引发I/O操作，导致性能急剧下降。

典型的使用了shuffe操作的有repartition、coalesce、groupByKey、reduceByKey、cogroup、join等。如果因为硬性需求必须使用带shuffle的操作，那么尽量使用在map端就聚合一次的方法，比如用reduceByKey或者aggregateByKey替代groupByKey。

什么是在map端聚合呢？下面来看两幅图。

图7-10所示是rdd.reduceByKey(_ + _)的图。

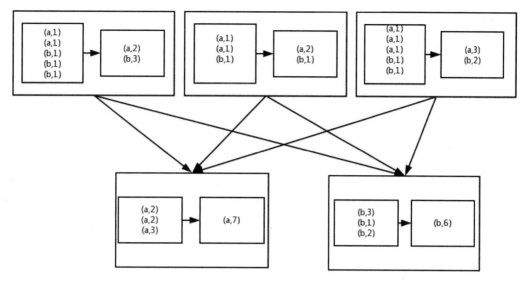

图 7-10　rdd.reduceByKey(_ + _)

图7-11所示是rdd.groupByKey().map(t => (t._1 , t._2.sum))的图。

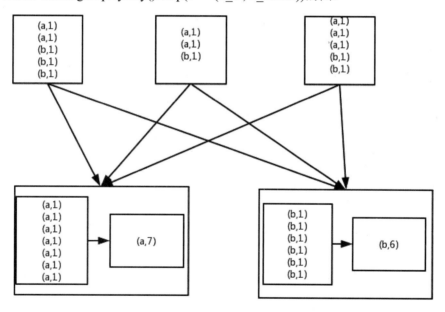

图 7-11　rdd.groupByKey().map(t => (t._1 , t._2.sum))

相信读者看了这两幅图就大概能明白为什么推荐用reduceByKey替代groupByKey了。groupByKey是将key相同的数据发送到一个节点当中，然后在那个节点上进行值的相加操作。如果key相同的数据过多，就会增加网络的开销和内存的开销。如果使用reduceByKey在map端对key相同的数据进行值相加的操作，得出一个中间结果，然后将中间结果中key相同的数据发送到同一个节点中，再将它们的值相加得出最终的结果。如此一来就减少了需要通过网络传输的数据量，同时也节省了reduce端内存的开销。

下面用一个例子来说明一下。

来看看下面这行代码：

```
rdd.map(kv => (kv._1, new Set[String]() + kv._2)).reduceByKey(_ ++ _)
```

这里对每一条记录进行处理的时候都创建一个Set对象。这和前面提到的六大开发原则中的第一条相悖，要避免重复创建不必要的对象。另外，这里还使用了reduceByKey，前文提到了在使用含有shuffle操作的方法的时候一定要谨慎，一定要理解为什么用它，并且考虑有没有比更好的方法。

改良之后的代码如下：

```
val empty = new collection.mutable.Set[String]()
rdd.aggregateByKey(empty)((set, v) => set += v,(set1, set2) => set1 ++= set2)
```

在这段代码中，我们用aggregateByKey代替了reduceByKey，最终的效果是一样的，但却巧妙地减少了许多不必要对象的创建，大大提高了执行效率。

6. 使用map-side预聚合的shuffle操作

如果因为业务需要，一定要使用shuffle操作，无法用map类的算子来替代，那么尽量使用可以map-side预聚合的算子。所谓的map-side预聚合，就是在每个节点本地对相同的key进行一次聚合操作，类似于MapReduce中的本地combiner。map-side预聚合之后，每个节点本地就只会有一条相同的key，因为多条相同的key都被聚合起来了。其他节点在拉取所有节点上的相同的key时，就会大大减少需要拉取的数据量，从而减少了磁盘I/O以及网络传输的开销。通常来说，在可能的情况下，建议使用reduceByKey或者aggregateByKey算子来替代groupByKey算子。因为reduceByKey和aggregateByKey算子都会使用用户自定义函数对每个节点本地的相同key进行预聚合；而groupByKey算子是不会进行预聚合的，全量的数据会在集群的各个节点之间分发和传输，性能相对来说比较差。比如图7-12就是典型的例子，分别基于reduceByKey和groupByKey进行单词计数。图的上半部分是groupByKey的原理图，可以看到没有进行任何本地聚合时，所有数据都会在集群节点之间传输；图的下半部分是reduceByKey的原理图，可以看到每个节点本地的相同key数据都进行了预聚合，然后才传输到其他节点上进行全局聚合。

7. 使用高性能算子

除了shuffle相关的算子有优化原则之外，其他的算子也有着相应的优化原则。

使用mapPartitions替代普通map。mapPartitions类的算子，一次函数调用会处理一个分区中的所有数据，而不是只处理一条数据，性能相对来说会高一些。但是，有的时候使用mapPartitions会出现内存溢出的问题。因为单次函数调用就要处理掉一个分区中的所有数据，如果内存不够，垃圾回收时是无法回收太多对象的，很可能出现内存溢出异常。因此使用这类操作时要慎重。

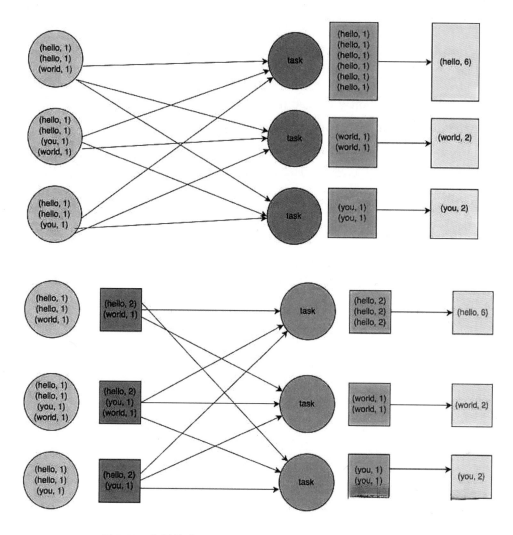

图 7-12　分别基于 reduceByKey 和 groupByKey 进行单词计数

　　使用foreachPartitions替代foreach的原理类似于"使用mapPartitions替代map"，也是一次函数调用处理一个分区中的所有数据，而不是只处理一条数据。在实践中发现，foreachPartitions类的算子对性能的提升是很有帮助的。比如在foreach函数中，将RDD中所有数据写入MySQL，如果是普通的foreach算子，就会一条数据一条数据地写，每次函数调用可能就会创建一个数据库连接，这样势必会频繁地创建和销毁数据库连接，性能是非常低下；但是，如果使用foreachPartitions算子一次性处理一个分区中的所有数据，那么对于每个分区，只要创建一个数据库连接即可，然后执行批量插入操作，此时性能是比较高的。在实践中发现，对于将1万条左右的数据量写入MySQL，使用foreachPartitions算子的性能可以提升30%以上。

　　通常对一个RDD执行filter算子，过滤掉RDD中的较多数据后（比如30%以上的数据），建议使用coalesce算子，手动减少RDD的分区数量，将RDD中的数据压缩到更少的分区中去。因为使用filter之后，RDD的每个分区中都会有很多数据被过滤掉，此时如果照常进行后续的计算，其实每个task处理的分区中的数据量并不是很多，有一点浪费资源，而且此时处理的task

越多，速度可能反而越慢。因此用coalesce减少分区数量，将RDD中的数据压缩到更少的分区之后，只要使用更少的task即可处理完所有的分区。在某些场景下，这对于性能的提升会有一定的帮助。

使用repartitionAndSortWithinPartitions替代repartition与sort类操作 repartitionAndSortWithinPartitions，是Spark官网推荐的一个算子。官方建议，如果需要在重分区之后进行排序，建议直接使用repartitionAndSortWithinPartitions算子。因为该算子可以一边进行重分区的shuffle操作，一边进行排序。shuffle与sort两个操作同时进行，比先进行shuffle操作再进行sort操作，性能要高。

8. 尽量在一次调用中处理一个分区的数据

mapPartitions、foreachPartitions都是在一次调用中处理一个分区的数据，所以用mapPartitions替代map、用foreachPartitions替代foreach能提高性能，但是使用的时候需要注意内存，因为一次处理一个分区，如果分区比较大，当内存不够的时候就会出现内存溢出异常。

map和mapPartitions在使用上是有区别的，下面举例说明：

```
val rdd = sc.parallelize(1 to 9, 3)//分3个分区的RDD
def mapFunc(num:Int):Int = {
        var result = num*num
        result
    }
    def mapPartitionsFunc ( iter : Iterator [Int] ) : Iterator [Int] = {
        var result = for (num <- iter ) yield num*num
        result
    }
rdd.map(mapFunc)
rdd.mapPartitions(mapPartitionsFunc)
```

在这段代码中，mapFunc被执行了10次，而mapPartitionsFunc被执行了3次。还有就是mapFunc和mapPartitionsFunc传入的参数不一样，这个需要在使用时注意一下。

之前提到的用mapPartitions替代map、用foreachPartitions替代foreach会提高性能，这是为什么呢？假如我们在上述代码中的mapFunc和mapPartitionsFunc中创建相同的对象或者创建数据库连接，在mapFunc中会被创建10次，而在mapPartitionsFunc中只创建3次，这就大大地减少了开销。

9. 对数据序列化

对数据进行序列化可以使数据更紧凑、更小，以此减少网络的传输开销，但是会使访问对象的时间变长，因为数据进行反序列化之后才能使用。

就现在来说，Spark的默认数据序列化方式是调用Java的ObjectOutputStream框架。如果读者想提高序列化的效率，就可以使用kryo。

示例代码如下：

```
//conf是SparkConf的实例
conf.set("spark.serializer",
"org.apache.spark.serializer.KryoSerializer" )
//下面是序列化自定义的对象
conf.registerKryoClasses(Array(classOf[MyClass1], classOf[MyClass2]))
val sc = new SparkContext(conf)
```

如果系列化对象太大，那么可以设置spark.kryoserializer.buffer来进行调整。

关于kryo的更多信息可以在https://github.com/EsotericSoftware/kryo中找到。

10. 对空值进行处理

下面来看两个数据集，如图7-13所示。

id	name
	foo
2	bar
	bar
11	foo
	bar

id	name
null	bar
null	bar
3	foo
15	foo
2	foo

图 7-13　数据集

左侧数据集的处理速度如图7-14所示。

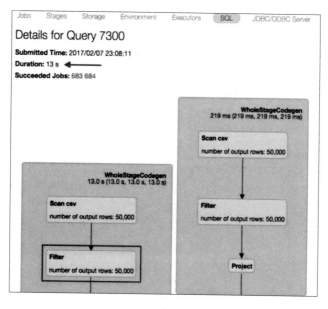

图 7-14　数据集的处理速度

右侧数据集的处理速度如图7-15所示。这幅图片来自 *Keeping Spark on Track: Productionizing Spark for ETL* 一书，这本书是关于如何在生产环境中有效地使用Apache Spark进行ETL（extract, transform, load）过程的指南。

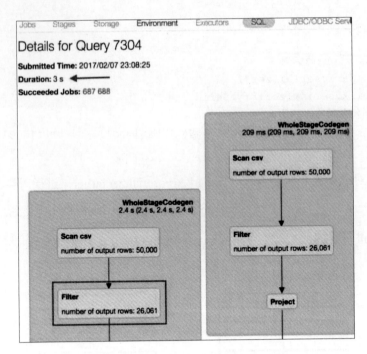

图 7-15　数据集的处理速度

把空的数据转换成Spark支持的空值"null"，进行filter操作之后，数据量大大减少，速度就得到了提高。

7.6　数据倾斜调优

相信很多读者都听说过数据倾斜，那么数据倾斜到底是什么呢？

我们知道，在进行shuffle操作的时候会将各个节点上key相同的数据传输到同一节点以进行下一步操作。如果某个key或某几个key下的数据量特别大，远远大于其他key的数据，这时就会出现一个现象：大部分task很快就完成，剩下几个task运行特别缓慢，甚至有时还会因为某个task下相同key的数据量过大而造成内存溢出。这就是发生了数据倾斜。

兵来将挡，水来土掩。既然是数据发生了倾斜，那么主要的解决思路就是想办法让它不倾斜。

1. 调整分区数目

前提条件是task上可以分配多个key的数据。

在发生数据倾斜的时候，某个task上需要处理的数据过多，我们可以调整并行度，使原本分配给一个task的多个key分配给多个task，这样需要task处理的key的数目就会减少，于是task上的数据量也就减少了。

在上一节中，我们提到过一个配置属性spark.sql.shuffle.partitions，一般是把它的值适当地调大。这个方法只能缓解数据倾斜，没有从根源上解决问题。但是这个方法比较简单，推荐优先尝试使用。

另外，在进行了多次操作之后，会有很多小任务产生，这时可以用coalesce来减少分区数。但分区数不是越少越好，当数据是几个特别大的并且不可分的文件的时候，如果由于分区过少，就不能充分使用CPU的所有核心。这种情况下就需要主动地（触发一次shuffle）重分区，增加分区的数量，以提高并行度。

有很多方法中都有可以调整分区数目的参数，比如下面这个。

```
val rdd2 = rdd1.reduceByKey(_ + _, numPartitions = X)
```

分区数目应该怎么设置呢？一般来说需要一点一点地尝试，比如按父分区数×1.5这样一点一点往上调，直到性能足够好就停止增加。

每个任务可用的内存是：

```
(spark.executor.memory * spark.shuffle.memoryFraction * spark.shuffle.safetyFraction)/spark.executor.cores
```

查看分区数的代码如下：

```
rdd.partitions().size()
```

2. 去除多余的数据

首先，查看每个key的数据量，代码如下：

```
pairs.sample(false,0.1).countByKey().foreach(println())
```

如果发现导致数据倾斜的部分key对最后的结果没有影响，就过滤掉这些数据，从而避免数据倾斜的发生。

3. 使用广播将reduce join 转化为map join

（1）调整spark.sql.autoBroadcastJoinThreshold的大小，使其大于需要广播的小表，这样就会将小表自动广播。

（2）使用broadcast将小表广播。

这样可以避免发生shuffle操作，示例如下：

```
表1: id class score
表2: id name
结果表: name class score
//下面的代码在map端执行join，不经历shuffle和reduce，执行效率比较高
var broadcastTable = sc.broadcast(aSmallTable)//aSmallTable 是Map组成的rdd
var result = bigTable.mapPartition( iter=>{
```

```
        var smallTable = broadcastTable.value
        var arrayBuffer = ArrayBuffer[(String,String,String)]()
        iter.foreach{case(id,class,score)=>{
            if(smallTable.contain(id)){
                arrayBuffer += ((smallTable.getOrElse(id,""),class,score))
            }
        }}
         arrayBuffer.iterator
    })
```

4. 将key进行拆分，大数据转换为小数据

回顾一下数据倾斜的原因——单个key或某几个key的数据过多。既然数据过多，就想办法减少单个key的数据量。我们可以给key加上前缀，强行让它们不同。通过这种方式让本来应该到同一个task的数据分散到不同的task上，以此来解决数据倾斜的问题。

需要注意的是，对聚合操作的key的拆分和对join操作的key的拆分是不一样的。下面用了幅图来说明它们的原理以及不同之处。

不拆解key时的聚合操作如图7-16所示。

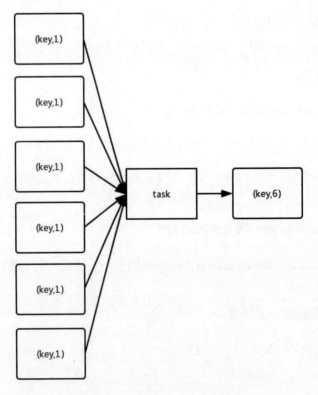

图 7-16 不拆解 key 时的聚合操作

对于聚合操作的key的拆解如图7-17所示。

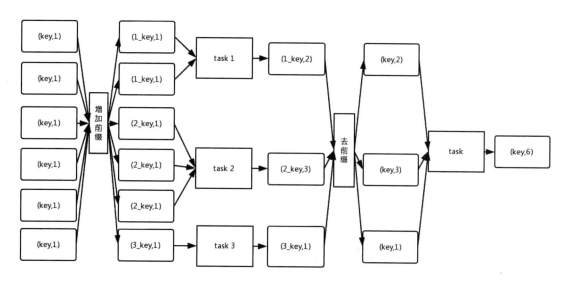

图 7-17　聚合操作的 key 的拆解

图7-17展示的是对相同key随机加了前缀，于是将key拆分，使它们分布在不同的task上，然后逐步聚合。这样就能比较有效地化解数据倾斜的问题。

对于join操作的key的拆解如图7-18所示。

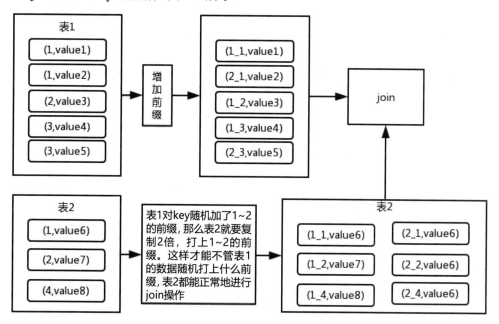

图 7-18　join 操作的 key 的拆解

这里的原理其实和上面聚合的原理差不多，只是需要注意：一张表加n种前缀，另一张表则翻n倍，这样才能正常地连接。但这样会使内存资源的消耗翻倍，因此使用的时候要仔细斟酌。

其实数据倾斜这个问题的解决有多种技巧，这里给读者列出的是容易上手的几种。剩下的需要读者根据实际的环境和需求进行优化。

7.7 Spark执行引擎Tungsten简介

在学习Spark的过程中，读者或多或少都见到过Tungsten和Codegen（Code Generation）这样的字样。这些是什么呢？本节就来详细说一下。

Tungsten是Spark的一部分，它的目标是提高CPU和内存的利用率，使性能接近硬件所能到达的极限，以此让Spark应用程序执行得更快。

Tungsten从下面3个方面对Spark应用程序进行底层优化。

（1）Off-heap Memory Management and Binary Processing：将数据格式化为二进制，对内存进行显式管理，减少JVM对象模型和JVM垃圾回收的开销。

（2）Cache-aware Computation：Tungsten通过设计缓存的算法和数据结构来提高缓存的命中率。

（3）Code Generation ：使用代码生成来充分利用编译器和CPU的性能。

1. Off-heap Memory Management and Binary Processing

JVM存在下面这两个问题。

（1）内存消耗大："abcd"用UTF-8表示需要4字节，在Java的String中它的大小远远超过4字节。由于Java要实现通用性，所以采用UTF-16来存储字符，这样一来"abcd"4个字符就占到了8字节。加上在7.5节中所说的大约40字节的"头"，在JVM的对象模型中只有中4字节的字符串就达到了48字节，浪费了大量的内存。

（2）垃圾回收消耗大：简单来说，垃圾回收将对象分为两类，一类是新的，一类是旧的。垃圾回收器通过评估它们的生命周期来管理对象。当评估准确的时候，这种回收的方式就是有效的，反之则回收失败。这种方式最终是基于启发式和估计的。如果需要获得良好的性能，就要对GC进行调优（有很多调优参数）。在大部分大数据的工作场景下，常规的Java GC表现得不是很好。

Spark知道数据是怎么在不同的计算阶段和不同的工作范围之间流动的，所以Spark比JVM更了解内存块的生命周期，这意味着Spark能比JVM更有效地管理内存。

为了有效地解决上面两个问题，Spark引入了一个显式的内存管理器（Tungsten的一部分）。它直接将Spark操作转换为对二进制数据进行操作，不对Java对象操作（通过sun.misc. Unsafe构建，sun.misc.Unsafe是JVM提供的高级功能，它使用了类似C语言风格的内存访问方式，比如显示分配内存、回收以及指针等）。Spark通过这个API构建的数据既可以放在堆内存里面，也可以放到堆内存外面。此外，Unsafe方法是最原始的，这意味着每个方法调用都会被JIT编译成为单个机器指令。

2. Cache-aware Computation

我们知道CPU的缓存速度比内存速度要快上很多倍。开发人员在分析Spark用户程序的时候发现：大部分CPU时间都是用来等待从内存中获取数据。Tungsten通过设计更好的缓存算法和数据结构来更有效地使用CPU的L1/L2/L3三层缓存（部分CPU只有两层缓存），以此提高数据的处理速度。这样一来，CPU耗费在从内存中获取数据的时间将大大减少，将腾出更多的时间来做计算。

3. Code Generation

Code Generation的过程如图7-19所示，该图片来源于 *Keeping Spark on Track: Productionizing Spark for ETL*。

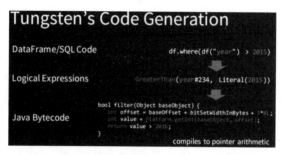

图 7-19　Code Generation 的过程

Code Generation的主要过程就是代码→逻辑表达式→Java字节码，以此来充分利用编译器和CPU的性能。

7.8　Spark SQL解析引擎Catalyst简介

Spark SQL中包含一个解析引擎，这个解析引擎是Catalyst。本节将结合图7-20来介绍Catalyst。

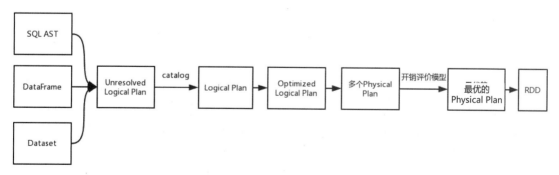

图 7-20　Catalyst 的解析引擎工作流

（1）Catalyst的Parser模块首先将SQL语句解析成Unresolved Logical Plan（未处理的逻辑计划），这个计划又可以称为语法树（生成树的时候会用到Catalyst中的trees和rules模块，其中rules是生成树时的转换规则），此时数据都没被绑定到计划中。

（2）在Catalyst的Analysis模块中使用catalog将数据（比如名称、数据类型等，详细的类型可以参看图7-21，图中所示的结构是unresolved.scala文件中的一部分）绑定到Unresolved Logical Plan中，形成Logical Plan。

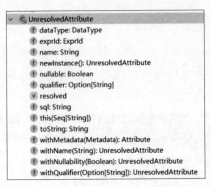

图 7-21　unresolved.scala 文件中的部分数据

我们根据执行计划再来分析一下Analysis的过程，执行计划如图7-22所示。

```
scala> spark.sql("select id , name from table where age<=25").queryExecution
res4: org.apache.spark.sql.execution.QueryExecution =
== Parsed Logical Plan ==
'Project ['id, 'name]
+- 'Filter ('age <= 25)
   +- 'UnresolvedRelation `table`

== Analyzed Logical Plan ==
id: string, name: string
Project [id#24, name#25]
+- Filter (cast(age#23 as int) <= 25)
   +- SubqueryAlias table
      +- Relation[age#23,id#24,name#25] json

== Optimized Logical Plan ==
Project [id#24, name#25]
+- Filter (isnotnull(age#23) && (cast(age#23 as int) <= 25))
   +- Relation[age#23,id#24,name#25] json

== Physical Plan ==
*Project [id#24, name#25]
+- *Filter (isnotnull(age#23) && (cast(age#23 as int) <= 25))
   +- *FileScan json [age#23,id#24,name#25] Batched: false, Format: JSON, Locati
on: InMemoryFileIndex[hdfs://localhost:9000/user/root/employee.json], PartitionF
ilters: [], PushedFilt...
```

图 7-22　执行计划

将图7-22所示的前两个计划的转换过程用语法树形式表示，如图7-23所示，这样更加直观。

（3）将得到的Logical Plan传入Catalyst的Optimizer模块中，进行一系列的优化，比如谓词下推、常量折叠、空值传递等优化操作。优化之后我们就得到了Optimized Logical Plan（优化之后的逻辑计划），然后用Optimized Logical Plan生成多个Physical Plan（物理计划）。因为Spark在不同的情况下会有不同的算法策略，所以形成的Physical Plan也不一样。下面的apply方法的源码（来自SparkStrategies.scala文件SparkStrategies类JoinSelection对象中的apply方法）就说明了这一点（有多种join的方式）。

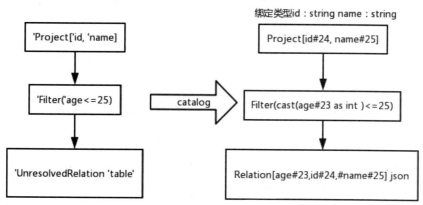

图 7-23　将前两个计划用语法树表示

```
def apply(plan: LogicalPlan): Seq[SparkPlan] = plan match {
  // --- 这里是BroadcastHashJoin ------------
    case ExtractEquiJoinKeys(joinType, leftKeys, rightKeys, condition, left,
right)
      if canBuildRight(joinType) && canBroadcast(right) =>
      Seq(joins.BroadcastHashJoinExec(
        leftKeys, rightKeys, joinType, BuildRight, condition, planLater(left),
planLater(right)))
    case ExtractEquiJoinKeys(joinType, leftKeys, rightKeys, condition, left,
right)
      if canBuildLeft(joinType) && canBroadcast(left) =>
      Seq(joins.BroadcastHashJoinExec(
        leftKeys, rightKeys, joinType, BuildLeft, condition, planLater(left),
planLater(right)))
  // --- 这里是ShuffledHashJoin ----
    case ExtractEquiJoinKeys(joinType, leftKeys, rightKeys, condition, left,
right)
      if !conf.preferSortMergeJoin && canBuildRight(joinType) &&
canBuildLocalHashMap(right)
        && muchSmaller(right, left) ||
        !RowOrdering.isOrderable(leftKeys) =>
      Seq(joins.ShuffledHashJoinExec(
        leftKeys, rightKeys, joinType, BuildRight, condition, planLater(left),
planLater(right)))
    case ExtractEquiJoinKeys(joinType, leftKeys, rightKeys, condition, left,
right)
      if !conf.preferSortMergeJoin && canBuildLeft(joinType) &&
canBuildLocalHashMap(left)
        && muchSmaller(left, right) ||
        !RowOrdering.isOrderable(leftKeys) =>
      Seq(joins.ShuffledHashJoinExec(
```

```
      leftKeys, rightKeys, joinType, BuildLeft, condition, planLater(left),
planLater(right)))
    // --- 这里是SortMergeJoin ------
    case ExtractEquiJoinKeys(joinType, leftKeys, rightKeys, condition, left,
right)
      if RowOrdering.isOrderable(leftKeys) =>
      joins.SortMergeJoinExec(
        leftKeys, rightKeys, joinType, condition, planLater(left),
planLater(right)) :: Nil
    // --- Without joining keys --------
    //---这里是BroadcastNestedLoopJoin
    // Pick BroadcastNestedLoopJoin if one side could be broadcasted
    case j @ logical.Join(left, right, joinType, condition)
      if canBuildRight(joinType) && canBroadcast(right) =>
      joins.BroadcastNestedLoopJoinExec(
        planLater(left), planLater(right), BuildRight, joinType, condition) ::
Nil
    case j @ logical.Join(left, right, joinType, condition)
      if canBuildLeft(joinType) && canBroadcast(left) =>
      joins.BroadcastNestedLoopJoinExec(
        planLater(left), planLater(right), BuildLeft, joinType, condition) ::
Nil
    // Pick CartesianProduct for InnerJoin
    case logical.Join(left, right, _: InnerLike, condition) =>
      joins.CartesianProductExec(planLater(left), planLater(right),
condition) :: Nil
    case logical.Join(left, right, joinType, condition) =>
      val buildSide =
        if (right.stats(conf).sizeInBytes <= left.stats(conf).sizeInBytes) {
          BuildRight
        } else {
          BuildLeft
        }
      // This join could be very slow or OOM
      joins.BroadcastNestedLoopJoinExec(
        planLater(left), planLater(right), buildSide, joinType, condition) ::
Nil
    // --- Cases where this strategy does not apply ------
    case _ => Nil
  }
```

（4）生成了多个Physical Plan之后，问题来了，到底使用哪一个？这就需要通过开销评估模型从众多Physical Plan中挑选一个最优的计划。

（5）最后，Catalyst执行挑选出计划。

至此，Catalyst解析完成。

第 8 章
Spark SQL影评大数据分析项目实战

本章介绍一个完整的基于Spark SQL的分析项目实战案例——影评大数据分析。即基于电影评分数据进行分析，实现项目的功能需求。项目功能核心业务用Spark SQL语句实现，查询结果用定义的实体类进行封装，并将查询结果存储到MySQL数据库中。该案例体现了企业中的Spark SQL分析项目的开发流程，目标是让读者学会构建一个基于Spark SQL的分析系统。

本章主要知识点：

* Spark SQL分析的典型流程
* DataSet的应用
* SQL语句的编写
* 本地数据库的写入

8.1 项目介绍

本项目是基于电影评分数据进行分析，实现影评分析项目的3个功能需求。

1. 数据集介绍

本项目使用MovieLens中的名称为ml-25m.zip的数据集，使用的文件是movies.csv和ratings.csv，文件的下载地址为http://files.grouplens.org/datasets/movielens/ml-25m.zip。

文件movies.csv中存储的是电影数据，对应的为维表数据，大小为2.89MB，包括6万多部电影，其数据格式为[movieId,title,genres]，分别对应[电影id，电影名称，电影所属分类]，样例数据如下所示（用逗号分隔）：

```
1,Toy Story (1995),Adventure|Animation|Children|Comedy|Fantasy
```

ratings.csv文件中存储的是电影评分数据，对应的为事实表数据，大小为646MB，其数据格式为[userId,movieId,rating,timestamp]，分别对应[用户id，电影id，评分，时间戳]，样例数据如下所示（用逗号分隔）：

```
1,296,5,1147880044
```

2. 项目代码结构

本项目是基于IDEA开发工具开发的，项目的基本目录结构和核心文件描述如图8-1所示。

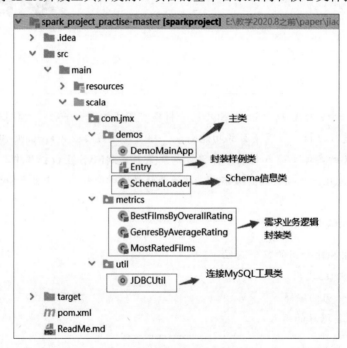

图 8-1　项目目录结构

3. 项目需求

本项目实现以下3个功能需求：

需求1：查找电影评分个数超过5000，且平均评分较高的前十部电影的名称及其对应的平均评分。

需求2：查找每个电影类别及其对应的平均评分。

需求3：查找评分次数排名前十的电影。

8.2 项目实现

本节介绍项目的具体实现。功能核心业务用Spark SQL语句实现，查询结果用定义的实体类进行封装，将查询结果存储到MySQL数据库中。

8.2.1 引入依赖

项目的每个功能需求都需要使用Spark读取本地文件内容，然后使用Spark SQL进行操作，并将最终结果通过JDBC存储到MySQL数据库，这需要引入依赖。Spark采用的是3.4.0版本，对应的Scala版本为2.12。项目pom.xml代码内容如代码8-1所示。

代码8-1　pom.xml

```xml
<?xml version="1.0" encoding="UTF-8"?>
<project xmlns="http://maven.apache.org/POM/4.0.0"
xmlns:xsi="http://www.w3.org/2001/XMLSchema-instance"
         xsi:schemaLocation="http://maven.apache.org/POM/4.0.0 http://maven.apache.org/maven-v4_0_0.xsd">

    <modelVersion>4.0.0</modelVersion>
    <groupId>com.jmx</groupId>
    <artifactId>sparkproject</artifactId>
    <packaging>jar</packaging>
    <version>1.0-SNAPSHOT</version>

    <inceptionYear>2024</inceptionYear>

    <properties>
        <scala.version>2.12.17</scala.version>
    </properties>

    <repositories>
      <repository>
        <id>scala-tools.org</id>
        <name>Scala-Tools Maven2 Repository</name>
        <url>http://scala-tools.org/repo-releases</url>
      </repository>
    </repositories>

    <pluginRepositories>
      <pluginRepository>
        <id>scala-tools.org</id>
```

```xml
            <name>Scala-Tools Maven2 Repository</name>
            <url>http://scala-tools.org/repo-releases</url>
        </pluginRepository>
    </pluginRepositories>

    <dependencies>
        <dependency>
            <groupId>org.scala-lang</groupId>
            <artifactId>scala-library</artifactId>
            <version>${scala.version}</version>
        </dependency>
        <dependency>
            <groupId>c3p0</groupId>
            <artifactId>c3p0</artifactId>
            <version>0.9.1.2</version>
        </dependency>
        <dependency>
            <groupId>com.fasterxml.jackson.core</groupId>
            <artifactId>jackson-databind</artifactId>
            <version>2.14.0</version>
</dependency>
        <dependency>
            <groupId>commons-dbutils</groupId>
            <artifactId>commons-dbutils</artifactId>
            <version>1.6</version>
        </dependency>
        <dependency>
            <groupId>junit</groupId>
            <artifactId>junit</artifactId>
            <version>4.12</version>
            <scope>test</scope>
        </dependency>
        <dependency>
            <groupId>org.specs</groupId>
            <artifactId>specs</artifactId>
            <version>1.2.5</version>
            <scope>test</scope>
        </dependency>
        <!-- https://mvnrepository.com/artifact/org.apache.spark/spark-core
-->
        <dependency>
            <groupId>org.apache.spark</groupId>
            <artifactId>spark-core_2.12</artifactId>
            <version>3.4.0</version>
        </dependency>
        <!-- https://mvnrepository.com/artifact/org.apache.spark/spark-sql
-->
```

```xml
<dependency>
    <groupId>org.apache.spark</groupId>
    <artifactId>spark-sql_2.12</artifactId>
    <version>3.4.0</version>
</dependency>
<!-- https://mvnrepository.com/artifact/org.apache.spark/spark-streaming -->
<dependency>
    <groupId>org.apache.spark</groupId>
    <artifactId>spark-streaming_2.12</artifactId>
    <version>3.4.0</version>

</dependency>
<!-- https://mvnrepository.com/artifact/org.apache.spark/spark-mllib -->
<dependency>
    <groupId>org.apache.spark</groupId>
    <artifactId>spark-mllib_2.12</artifactId>
    <version>3.4.0</version>
    <!--<scope>runtime</scope>-->
</dependency>
<!-- https://mvnrepository.com/artifact/org.apache.spark/spark-streaming-kafka-0-10 -->
<dependency>
    <groupId>org.apache.spark</groupId>
    <artifactId>spark-streaming-kafka-0-10_2.12</artifactId>
    <version>3.4.0</version>
</dependency>
<!-- https://mvnrepository.com/artifact/org.apache.spark/spark-hive -->
<dependency>
    <groupId>org.apache.spark</groupId>
    <artifactId>spark-hive_2.12</artifactId>
    <version>3.4.0</version>
</dependency>

<!-- https://mvnrepository.com/artifact/mysql/mysql-connector-java -->
<dependency>
    <groupId>mysql</groupId>
    <artifactId>mysql-connector-java</artifactId>
    <version>5.1.39</version>
</dependency>
<!-- https://mvnrepository.com/artifact/org.apache.hadoop/hadoop-common -->
<dependency>
    <groupId>org.apache.hadoop</groupId>
```

```xml
            <artifactId>hadoop-common</artifactId>
            <version>2.7.7</version>
        </dependency>
        <!-- https://mvnrepository.com/artifact/org.apache.hadoop/hadoop-client -->
        <dependency>
            <groupId>org.apache.hadoop</groupId>
            <artifactId>hadoop-client</artifactId>
            <version>2.7.7</version>
        </dependency>
        <!-- https://mvnrepository.com/artifact/org.apache.hadoop/hadoop-hdfs -->
        <dependency>
            <groupId>org.apache.hadoop</groupId>
            <artifactId>hadoop-hdfs</artifactId>
            <version>2.7.7</version>
        </dependency>
        <dependency>
            <groupId>org.apache.avro</groupId>
            <artifactId>avro-tools</artifactId>
            <version>1.8.1</version>
        </dependency>

        <!-- https://mvnrepository.com/artifact/org.apache.hive/hive-cli -->
        <dependency>
            <groupId>org.apache.hive</groupId>
            <artifactId>hive-cli</artifactId>
            <version>2.3.4</version>
        </dependency>

        <dependency>
            <groupId>org.apache.hive</groupId>
            <artifactId>hive-exec</artifactId>
            <version>2.3.4</version>
        </dependency>
        <dependency>
            <groupId>org.apache.commons</groupId>
            <artifactId>commons-dbcp2</artifactId>
            <version>2.1.1</version>
        </dependency>
        <dependency>
            <groupId>redis.clients</groupId>
            <artifactId>jedis</artifactId>
            <version>2.8.0</version>
        </dependency>
        <dependency>
            <groupId>ru.yandex.clickhouse</groupId>
```

```xml
        <artifactId>clickhouse-jdbc</artifactId>
        <version>0.2.4</version>
    </dependency>
    <!-- https://mvnrepository.com/artifact/com.google.guava/guava -->
    <dependency>
        <groupId>com.google.guava</groupId>
        <artifactId>guava</artifactId>
        <version>28.0-jre</version>
    </dependency>

</dependencies>

<build>
    <sourceDirectory>src/main/scala</sourceDirectory>
    <!--<testSourceDirectory>src/test/scala</testSourceDirectory>-->
    <plugins>
        <plugin>
            <groupId>org.scala-tools</groupId>
            <artifactId>maven-scala-plugin</artifactId>
            <executions>
                <execution>
                    <goals>
                        <goal>compile</goal>
                        <goal>testCompile</goal>
                    </goals>
                </execution>
            </executions>
            <configuration>
                <scalaVersion>${scala.version}</scalaVersion>
                <args>
                    <arg>-target:jvm-1.5</arg>
                </args>
            </configuration>
        </plugin>
        <plugin>
            <groupId>org.apache.maven.plugins</groupId>
            <artifactId>maven-eclipse-plugin</artifactId>
            <configuration>
                <downloadSources>true</downloadSources>
                <buildcommands>
                    <buildcommand>ch.epfl.lamp.sdt.core.scalabuilder</buildcommand>
                </buildcommands>
                <additionalProjectnatures>
                    <projectnature>ch.epfl.lamp.sdt.core.scalanature</projectnature>
                </additionalProjectnatures>
```

```xml
                <classpathContainers>
                    <classpathContainer>org.eclipse.jdt.launching.JRE_CONTAINER</classpathContainer>
                    <classpathContainer>ch.epfl.lamp.sdt.launching.SCALA_CONTAINER</classpathContainer>
                </classpathContainers>
            </configuration>
        </plugin>
    </plugins>
</build>
<reporting>
    <plugins>
        <plugin>
            <groupId>org.scala-tools</groupId>
            <artifactId>maven-scala-plugin</artifactId>
            <configuration>
                <scalaVersion>${scala.version}</scalaVersion>
            </configuration>
        </plugin>
    </plugins>
</reporting>
</project>
```

以上依赖会自动下载Spark、Hadoop、Hive、JDBC等相关的JAR包，项目不需要安装Spark和Hadoop环境，可以很方便地进行Spark SQL数据分析。

8.2.2 公共类开发

要实现3个功能需求，并将结果存储到MySQL数据库中，需要定义一些公共类来完成共性操作。

首先，需要为整个项目定义一个公共类，该类是程序执行的入口，主要用于获取数据源并转换成DataFrame，以及调用封装好的业务逻辑类。该类的定义如代码8-2所示。

代码8-2　DemoMainApp.scala
```scala
object DemoMainApp {
  // 文件路径
  private val MOVIES_CSV_FILE_PATH = "file:///e:/movies.csv"
  private val RATINGS_CSV_FILE_PATH = "file:///e:/ratings.csv"

  def main(args: Array[String]): Unit = {
    // 创建Spark session
    val spark = SparkSession
      .builder
```

```scala
      .master("local[4]")
      .getOrCreate
    // schema信息
    val schemaLoader = new SchemaLoader
    // 读取movie数据集
    val movieDF = readCsvIntoDataSet(spark, MOVIES_CSV_FILE_PATH, schemaLoader.getMovieSchema)
    // 读取rating数据集
    val ratingDF = readCsvIntoDataSet(spark, RATINGS_CSV_FILE_PATH, schemaLoader.getRatingSchema)

    // 需求1：查找电影评分个数超过5000，且平均评分较高的前十部电影的名称及其对应的平均评分
    val bestFilmsByOverallRating = new BestFilmsByOverallRating
    //bestFilmsByOverallRating.run(movieDF, ratingDF, spark)

    // 需求2：查找每个电影类别及其对应的平均评分
    val genresByAverageRating = new GenresByAverageRating
    //genresByAverageRating.run(movieDF, ratingDF, spark)

    // 需求3：查找评分次数排名前十的电影
    val mostRatedFilms = new MostRatedFilms
    mostRatedFilms.run(movieDF, ratingDF, spark)

    spark.close()

  }
  /**
   * 读取数据文件，并转换成DataFrame
   *
   * @param spark
   * @param path
   * @param schema
   * @return
   */
  def readCsvIntoDataSet(spark: SparkSession, path: String, schema: StructType) = {

    val dataSet = spark.read
      .format("csv")
      .option("header", "true")
      .schema(schema)
      .load(path)
    dataSet
  }
}
```

然后定义实体类Entry，主要实现数据源样例类和结果表的样例类的封装。该类的定义如代码8-3所示。

代码8-3　Entry.scala
```scala
class Entry {

}
case class Movies(
            movieId: String,          // 电影的id
            title: String,            // 电影的标题
            genres: String            // 电影类别
           )
case class Ratings(
            userId: String,           // 用户的id
            movieId: String,          // 电影的id
            rating: String,           // 用户评分
            timestamp: String         // 时间戳
           )
// 需求1MySQL结果表
case class tenGreatestMoviesByAverageRating(
            movieId: String,          // 电影的id
            title: String,            // 电影的标题
             avgRating: String        // 电影平均评分
                     )
// 需求2MySQL结果表
case class topGenresByAverageRating(
            genres: String,           //电影类别
            avgRating: String         // 平均评分
                     )
// 需求3MySQL结果表
case class tenMostRatedFilms(
            movieId: String,          // 电影的id
            title: String,            // 电影的标题
            ratingCnt: String         // 电影被评分的次数
                    )
```

接下来定义SchemaLoader类，该类封装了数据集的schema信息，主要用于读取数据源指定的schema信息。该类的定义如代码8-4所示。

代码8-4　SchemaLoader.scala
```scala
class SchemaLoader {
  // movies数据集schema信息
  private val movieSchema = new StructType()
    .add("movieId", DataTypes.StringType, false)
```

```
    .add("title", DataTypes.StringType, false)
    .add("genres", DataTypes.StringType, false)
  // ratings数据集schema信息
  private val ratingSchema = new StructType()
    .add("userId", DataTypes.StringType, false)
    .add("movieId", DataTypes.StringType, false)
    .add("rating", DataTypes.StringType, false)
    .add("timestamp", DataTypes.StringType, false)
  def getMovieSchema: StructType = movieSchema
  def getRatingSchema: StructType = ratingSchema
}
```

为了完成查询结果的存储,需要定义JDBC工具类,即JDBCUtil类。该类封装了连接MySQL的逻辑,主要用于连接MySQL。在业务逻辑代码中会使用该工具类获取MySQL连接,将结果数据写入MySQL中。该类的定义如代码8-5所示。

代码8-5 JDBCUtil.scala

```
object JDBCUtil {
  val dataSource = new ComboPooledDataSource()
  val user = "root"
  val password = "root"
  val url = "jdbc:mysql://localhost:3306/films"

  dataSource.setUser(user)
  dataSource.setPassword(password)
  dataSource.setDriverClass("com.mysql.jdbc.Driver")
  dataSource.setJdbcUrl(url)
  dataSource.setAutoCommitOnClose(false)
  // 获取连接
  def getQueryRunner(): Option[QueryRunner]={
    try {
      Some(new QueryRunner(dataSource))
    }catch {
      case e:Exception =>
        e.printStackTrace()
        None
    }
  }
}
```

8.2.3 需求1的实现

本节实现第一个功能需求,即查找电影评分个数超过5000,且平均评分较高的前十部电影的名称及其对应的平均评分,并将结果存储到MySQL数据库中。

首先，需要根据需求结果来设计MySQL表，具体建表脚本如下：

```sql
CREATE TABLE 'ten_movies_averagerating' (
  'id' int(11) NOT NULL AUTO_INCREMENT COMMENT '自增id',
  'movieId' int(11) NOT NULL COMMENT '电影id',
  'title' varchar(100) NOT NULL COMMENT '电影名称',
  'avgRating' decimal(10,2) NOT NULL COMMENT '平均评分',
  'update_time' datetime DEFAULT CURRENT_TIMESTAMP COMMENT '更新时间',
  PRIMARY KEY ('id'),
  UNIQUE KEY 'movie_id_UNIQUE' ('movieId')
) ENGINE=InnoDB  DEFAULT CHARSET=utf8;
```

然后，需要定义对应项目需求的业务类，该类将核心业务逻辑定义到run方法中。该方法接收数据源对应的数据，然后注册成临时表的形式，以方便运用Spark SQL解决核心业务。SQL查询的结果被封装成实体类中定义的tenGreatestMoviesByAverageRating，并被JDBC工具类写入MySQL中。详细实现类的定义如代码8-6所示。

代码8-6　BestFilmsByOverallRating.scala

```scala
/**
 * 需求1：查找电影评分个数超过5000,且平均评分较高的前十部电影的名称及其对应的平均评分
 */
class BestFilmsByOverallRating extends Serializable {
  def run(moviesDataset: DataFrame, ratingsDataset: DataFrame, spark: SparkSession) = {
    import spark.implicits._

    // 将moviesDataset注册成表
    moviesDataset.createOrReplaceTempView("movies")
    // 将ratingsDataset注册成表
    ratingsDataset.createOrReplaceTempView("ratings")

    // 查询SQL语句
    val ressql1 =
      """
        |WITH ratings_filter_cnt AS (
        |SELECT
        |     movieId,
        |     count( * ) AS rating_cnt,
        |     avg( rating ) AS avg_rating
        |FROM
        |     ratings
        |GROUP BY
        |     movieId
        |HAVING
        |     count( * ) >= 5000
        |),
        |ratings_filter_score AS (
```

```
          |SELECT
          |    movieId, -- 电影id
          |    avg_rating -- 电影平均评分
          |FROM ratings_filter_cnt
          |ORDER BY avg_rating DESC -- 平均评分降序排序
          |LIMIT 10 -- 平均分较高的前十部电影
          |)
          |SELECT
          |    m.movieId,
          |    m.title,
          |    r.avg_rating AS avgRating
          |FROM
          |    ratings_filter_score r
          |JOIN movies m ON m.movieId = r.movieId
    """.stripMargin
    val resultDS = spark.sql(ressql1).as[tenGreatestMoviesByAverageRating]
    // 打印数据
    resultDS.show(10)
    resultDS.printSchema()
    // 写入MySQL
    resultDS.foreachPartition(par => par.foreach(insert2Mysql(_)))
  }

  /**
   * 获取连接，调用写入MySQL数据库的方法
   *
   * @param res
   */
  private def insert2Mysql(res: tenGreatestMoviesByAverageRating): Unit = {
    lazy val conn = JDBCUtil.getQueryRunner()
    conn match {
      case Some(connection) => {
        upsert(res, connection)
      }
      case None => {
        println("MySQL连接失败")
        System.exit(-1)
      }
    }
  }

  /**
   * 封装将结果写入MySQL的方法
   * 执行写入操作
   *
   * @param r
   * @param conn
   */
```

```
    private def upsert(r: tenGreatestMoviesByAverageRating, conn: QueryRunner):
Unit = {
    try {
      val sql =
        s"""
           |REPLACE INTO 'ten_movies_averagerating'(
           |movieId,
           |title,
           |avgRating
           |)
           |VALUES
           |(?,?,?)
         """.stripMargin
      // 执行insert操作
      conn.update(
        sql,
        r.movieId,
        r.title,
        r.avgRating
      )
    } catch {
      case e: Exception => {
        e.printStackTrace()
        System.exit(-1)
      }
    }
  }
}
```

最后,来看需求1的运行结果,平均评分最高的前十部电影如下:

movieId	title	avgRating
318	The Shawshank Redemption (1994)	4.41
858	The Godfather (1972)	4.32
50	The Usual Suspects (1995)	4.28
1221	The Godfather: Part II (1974)	4.26
527	Schindler's List (1993)	4.25
2019	Seven Samurai (Shichinin no samurai) (1954)	4.25
904	Rear Window (1954)	4.24
1203	12 Angry Men (1957)	4.24
2959	Fight Club (1999)	4.23
1193	One Flew Over the Cuckoo's Nest (1975)	4.22

上述电影评分对应的电影中文名称为:

英文名称	中文名称
The Shawshank Redemption (1994)	肖申克的救赎
The Godfather (1972)	教父1

```
The Usual Suspects (1995)                        非常嫌疑犯
The Godfather: Part II (1974)                    教父2
Schindler's List (1993)                          辛德勒的名单
Seven Samurai (Shichinin no samurai) (1954)      七武士
Rear Window (1954)                               后窗
12 Angry Men (1957)                              十二怒汉
Fight Club (1999)                                搏击俱乐部
One Flew Over the Cuckoo's Nest (1975)           飞越疯人院
```

8.2.4 需求2的实现

本节实现第二个功能需求，即查找每个电影类别及其对应的平均评分，并将结果存储到MySQL数据库中。

首先，需要根据需求结果来设计MySQL表，具体建表脚本如下：

```
CREATE TABLE ten_most_rated_films (
    'id' INT ( 11 ) NOT NULL AUTO_INCREMENT COMMENT '自增id',
    'movieId' INT ( 11 ) NOT NULL COMMENT '电影Id',
    'title' varchar(100) NOT NULL COMMENT '电影名称',
    'ratingCnt' INT(11) NOT NULL COMMENT '电影被评分的次数',
    'update_time' datetime DEFAULT CURRENT_TIMESTAMP COMMENT '更新时间',
PRIMARY KEY ( 'id' ),
UNIQUE KEY 'movie_id_UNIQUE' ( 'movieId' )
) ENGINE = INNODB DEFAULT CHARSET = utf8;
```

然后，需要定义对应项目需求的业务类，该类将核心业务逻辑定义到run方法中。该方法接收数据源对应的数据，然后注册成临时表的形式，以方便运用Spark SQL解决核心业务。SQL查询的结果被封装成实体类中定义的topGenresByAverageRating，并被JDBC工具类写入MySQL中。详细实现类的定义如代码8-7所示。

代码8-7　GenresByAverageRating.scala

```
**
 * 需求2: 查找每个电影类别及其对应的平均评分
 */
class GenresByAverageRating extends Serializable {
  def run(moviesDataset: DataFrame, ratingsDataset: DataFrame, spark: SparkSession) = {
      import spark.implicits._
      // 将moviesDataset注册成表
      moviesDataset.createOrReplaceTempView("movies")
      // 将ratingsDataset注册成表
      ratingsDataset.createOrReplaceTempView("ratings")

      val ressql2 =
        """
```

```
      |WITH explode_movies AS (
      |SELECT
      |movieId,
      |title,
      |category
      |FROM
      |movies lateral VIEW explode ( split ( genres, "\\|" ) ) temp AS category
      |)
      |SELECT
      |m.category AS genres,
      |avg( r.rating ) AS avgRating
      |FROM
      |explode_movies m
      |JOIN ratings r ON m.movieId = r.movieId
      |GROUP BY
      |m.category
      | """.stripMargin
    val resultDS = spark.sql(ressql2).as[topGenresByAverageRating]
    // 打印数据
    resultDS.show(10)
    resultDS.printSchema()
    // 写入MySQL
    resultDS.foreachPartition(par => par.foreach(insert2Mysql(_)))
  }

  /**
   * 获取连接，调用写入MySQL数据库的方法
   *
   * @param res
   */
  private def insert2Mysql(res: topGenresByAverageRating): Unit = {
    lazy val conn = JDBCUtil.getQueryRunner()
    conn match {
      case Some(connection) => {
        upsert(res, connection)
      }
      case None => {
        println("MySQL连接失败")
        System.exit(-1)
      }
    }
  }

  /**
   * 封装将结果写入MySQL的方法
   * 执行写入操作
   *
```

```scala
 * @param r
 * @param conn
 */
private def upsert(r: topGenresByAverageRating, conn: QueryRunner): Unit = {
  try {
    val sql =
      s"""
         |REPLACE INTO 'genres_average_rating'(
         |genres,
         |avgRating
         |)
         |VALUES
         |(?,?)
      """.stripMargin
    // 执行insert操作
    conn.update(
      sql,
      r.genres,
      r.avgRating
    )
  } catch {
    case e: Exception => {
      e.printStackTrace()
      System.exit(-1)
    }
  }
}
```

运行代码，共有20个电影分类，每个电影分类的平均评分为：

```
genres              avgRating
Film-Noir           3.93
War                 3.79
Documentary         3.71
Crime               3.69
Drama               3.68
Mystery             3.67
Animation           3.61
IMAX                3.6
Western             3.59
Musical             3.55
Romance             3.54
Adventure           3.52
Thriller            3.52
Fantasy             3.51
Sci-Fi              3.48
```

```
Action                  3.47
Children                3.43
Comedy                  3.42
(no genres listed)      3.33
Horror                  3.29
```

电影分类对应的中文名称为：

```
分类                     中文名称
Film-Noir               黑色电影
War                     战争
Documentary             纪录片
Crime                   犯罪
Drama                   历史剧
Mystery                 推理
Animation               动画片
IMAX                    巨幕电影
Western                 西部电影
Musical                 音乐
Romance                 浪漫
Adventure               冒险
Thriller                惊悚片
Fantasy                 魔幻电影
Sci-Fi                  科幻
Action                  动作
Children                儿童
Comedy                  喜剧
(no genres listed)      未分类
Horror                  恐怖
```

8.2.5 需求 3 的实现

本节要实现第三个功能需求，即查找评分次数排名前十的电影，并将结果存储到MySQL数据库中。

首先，需要根据需求结果来设计MySQL表，具体建表脚本如下：

```
CREATE TABLE ten_most_rated_films (
    'id' INT ( 11 ) NOT NULL AUTO_INCREMENT COMMENT '自增id',
    'movieId' INT ( 11 ) NOT NULL COMMENT '电影Id',
    'title' varchar(100) NOT NULL COMMENT '电影名称',
    'ratingCnt' INT(11) NOT NULL COMMENT '电影被评分的次数',
    'update_time' datetime DEFAULT CURRENT_TIMESTAMP COMMENT '更新时间',
PRIMARY KEY ( 'id' ),
UNIQUE KEY 'movie_id_UNIQUE' ( 'movieId' )
) ENGINE = INNODB DEFAULT CHARSET = utf8;
```

然后，需要定义对应项目需求的业务类，该类将核心业务逻辑定义到run方法中。这个run方法接收数据源对应的数据，然后注册成临时表的形式，以方便运用Spark SQL解决核心业务。SQL查询的结果被封装成实体类中定义的tenMostRatedFilms，并被JDBC工具类写入MySQL中。详细实现类的定义如代码8-8所示。

代码8-8　MostRateFilms.scala

```scala
/**
 * 需求3：查找评分次数排名前十的电影
 */
class MostRatedFilms extends Serializable {
   def run(moviesDataset: DataFrame, ratingsDataset: DataFrame,spark: SparkSession) = {
      import spark.implicits._
      // 将moviesDataset注册成表
      moviesDataset.createOrReplaceTempView("movies")
      // 将ratingsDataset注册成表
      ratingsDataset.createOrReplaceTempView("ratings")

    val ressql3 =
      """
        |WITH rating_group AS (
        |   SELECT
        |       movieId,
        |       count( * ) AS ratingCnt
        |   FROM ratings
        |   GROUP BY movieId
        |),
        |rating_filter AS (
        |   SELECT
        |       movieId,
        |       ratingCnt
        |   FROM rating_group
        |   ORDER BY ratingCnt DESC
        |   LIMIT 10
        |)
        |SELECT
        |   m.movieId,
        |   m.title,
        |   r.ratingCnt
        |FROM
        |   rating_filter r
        |JOIN movies m ON r.movieId = m.movieId
        |
      """.stripMargin

      val resultDS = spark.sql(ressql3).as[tenMostRatedFilms]
```

```scala
      // 打印数据
      resultDS.show(10)
      resultDS.printSchema()
      // 写入MySQL
      resultDS.foreachPartition(par => par.foreach(insert2Mysql(_)))
  }

  /**
   * 获取连接，调用写入MySQL数据库的方法
   *
   * @param res
   */
  private def insert2Mysql(res: tenMostRatedFilms): Unit = {
    lazy val conn = JDBCUtil.getQueryRunner()
    conn match {
      case Some(connection) => {
        upsert(res, connection)
      }
      case None => {
        println("MySQL连接失败")
        System.exit(-1)
      }
    }
  }

  /**
   * 封装将结果写入MySQL的方法
   * 执行写入操作
   *
   * @param r
   * @param conn
   */
  private def upsert(r: tenMostRatedFilms, conn: QueryRunner): Unit = {
    try {
      val sql =
        s"""
           |REPLACE INTO 'ten_most_rated_films'(
           |movieId,
           |title,
           |ratingCnt
           |)
           |VALUES
           |(?,?,?)
         """.stripMargin
      // 执行insert操作
      conn.update(
        sql,
        r.movieId,
```

```
          r.title,
          r.ratingCnt
        )
    } catch {
      case e: Exception => {
        e.printStackTrace()
        System.exit(-1)
      }
    }
  }
}
```

程序运行结果如下:

```
movieId    title                                            ratingCnt
356        Forrest Gump (1994)                              81491
318        Shawshank Redemption, The (1994)                 81482
296        Pulp Fiction (1994)                              79672
593        Silence of the Lambs, The (1991)                 74127
2571          Matrix, The (1999)                            72674
260        Star Wars: Episode IV - A New Hope (1977)        68717
480        Jurassic Park (1993)                             64144
527        Schindler's List (1993)                          60411
110        Braveheart (1995)                                59184
2959          Fight Club (1999)                             58773
```

评分次数较多的电影对应的中文名称为:

```
英文名称                                          中文名称
Forrest Gump (1994)                              阿甘正传
The Shawshank Redemption (1994)                  肖申克的救赎
Pulp Fiction (1994)                              低俗小说
The Silence of the Lambs (1991)                  沉默的羔羊
The Matrix (1999)                                黑客帝国
Star Wars: Episode IV - A New Hope (1977)        星球大战
Jurassic Park (1993)                             侏罗纪公园
Schindler's List (1993)                          辛德勒的名单
Braveheart (1995)                                勇敢的心
Fight Club (1999)                                搏击俱乐部
```

至此,完成了一个完整的基于Spark SQL的影评大数据分析项目实战。

第 9 章 Spark SQL商品统计分析项目实战

本章主要讲解基于Windows系统本地环境的Spark SQL大数据分析项目开发过程。项目所采用的数据源是Hive数据仓库的内部表。首先加载数据集对应的文本文档数据,初始化Hive表。然后基于表进行热门商品大数据分析,分析过程涉及多表关联和分组、排序、排名查询等SQL操作。通过本章的本地环境搭建和数据分析实战,能让读者快速入手Spark SQL大数据分析,并模拟经历完整的大数据分析环境和流程。

本章主要知识点:

* Spark SQL项目本地化环境搭建
* Spark SQL使用Hive数据源
* Spark SQL多表关联
* Spark SQL初始化数据

9.1 项目介绍

本项目是基于电商平台统计出来的数据,辅助公司中的PM(产品经理)、数据分析师以及管理人员分析现有产品的情况。数据包括商品信息、用户基本信息表、网站或APP用户点击量。重点是通过3张信息表的关联实现各区域热门商品的统计分析。

本项目在Windows系统本地运行,所以本地必须下载Hadoop3.3.4版本,解压后配置HADOOP_HOME指向解压后的目录。另外,需要将Hadoop安装目录下bin中的hadoop.dll复制到C:\Windows\System32。Hive采用本地元数据存储，spark-hive依赖已经引入并内置了Hive，因此不需要本地安装Hive。

项目功能核心业务用Spark SQL语句实现，最终得到商品统计分析结果。

1. 数据集介绍

项目数据来源于3张表，每张表的详细说明如下。

1）user_visit_action 表

user_visit_action表中存放的是网站或者APP每天的点击流数据，通俗地讲，就是用户对网站/APP 每点击一下，就会产生一条存放在这张表里面的数据。

user_visit_action表中的字段解析如表9-1所示。

表 9-1 user_visit_action 表中的字段解析

字段名称	说明
date	日期，代表用户的点击行为是在哪一天发生的
user_id	用户 ID，唯一地标识某个用户
session_id	Session ID，唯一地标识某个用户的一个访问会话
page_id	页面 ID。用户点击了某些商品/品类，也可能是搜索了某个关键词，然后进入的页面的id
action_time	动作时间，即这个点击行为发生的时间点
search_keyword	搜索关键词。如果用户执行的是一个搜索行为，比如在网站/APP 中搜索了某个关键词，就会跳转到商品列表页面
click_category_id	点击商品类 ID。可能是在网站首页，用户点击了某个商品类（美食、电子设备、电脑）
click_product_id	点击商品 ID。可能是在网站首页或者是在商品列表页，用户点击了某个商品（比如呷哺呷哺火锅 XX 路店 3 人套餐、iPhone 6）
order_category_ids	下单商品类 ID。用户可能将某些商品加入了购物车，然后一次性对购物车中的商品下了一个订单，这就代表了某次下单的行为中有哪些商品品类。例如，可能有 6 个商品，但是对应了两个商品类，比如有 3 根火腿肠（食品品类）、3 个电池（日用品品类）
order_product_ids	下单商品 ID。某次下单具体对应的商品
pay_category_ids	付款商品类 ID。对某个订单，或者某几个订单，用户进行了一次性支付的行为，该支付行为对应的商品类
pay_product_ids	付款商品 ID。支付行为对应的具体商品
city_id	城市 ID，代表该用户行为发生的城市

2）user_info 表

user_info表是一张普通的用户基本信息表，表中存放了网站/APP所有注册用户的基本信息。user_info表中的字段解析如表9-2所示。

表 9-2 user_info 表中的字段解析

字段名称	说 明
user_id	用户 ID, 唯一地标识某个用户
username	用户登录名
name	用户昵称或真实姓名
age	用户年龄
professional	用户职业
city	用户所在城市
sex	用户性别

3) product_info 表

product_info 表是一张普通的商品基本信息表, 表中存放了网站/APP所有商品的基本信息。product_info表中的字段解析如表9-3所示。

表 9-3 product_info 表中的字段解析

字段名称	说 明
proudct_id	商品 ID, 唯一地标识某个商品
product name	商品名称
extend_info	额外信息, 例如商品为自营商品还是第三方商品

2. 项目环境准备

本项目是在 Windows 系统本地运行, 因为要用到 Hive 作为 Spark 数据源, 所以本地必须下载 Hadoop3.3.4 版本, 解压后配置 HADOOP_HOME 指向解压后的目录, 如图 9-1 所示。

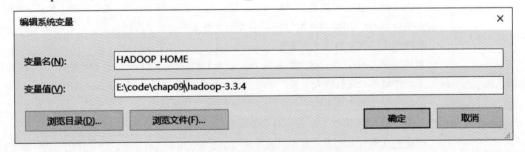

图 9-1 配置 HADOOP_HOME

本章项目代码中已经提供了 Hadoop3.3.4 的压缩包, 直接解压即可。另外, 本地调试必要的依赖文件 winutil.exe 和 hadoop.dll 已经放入 Hadoop3.3.4 的 bin 目录。

此外还需注意, 要将Hadoop安装目录下的bin中的hadoop.dll复制到C:\Windows\System32。

这样就完成了Hadoop本地环境的安装。

本项目采用Maven依赖引入Hive, 所以不需要安装, 只需在项目pom.xml中引入依赖即可, 具体依赖代码如下:

```
<dependency>
```

```xml
        <groupId>org.apache.spark</groupId>
        <artifactId>spark-hive_2.12</artifactId>
        <version>3.4.0</version>
    </dependency>
    <dependency>
        <groupId>org.apache.hive</groupId>
        <artifactId>hive-exec</artifactId>
        <version>1.2.1</version>
    </dependency>
```

其中，hive-exec.jar文件包含了Hive执行引擎所需的所有代码和依赖项，以便在进行Hive查询时能够正确地加载和执行。它包含了Hive的执行计划、任务调度、数据读写等。

3. 项目需求

本项目主要对电商网站的各种用户行为（如访问行为、购物行为、广告点击行为等）进行分析，根据平台统计出来的数据，辅助公司中的PM（产品经理）、数据分析师以及管理人员分析现有产品的情况，并根据用户行为分析结果持续改进产品的设计，以及调整公司的战略和业务，最终达到用大数据技术来帮助公司提升业绩、营业额以及市场占有率的目标。

本项目重点实现区域热门商品统计模块，该模块主要实现每天统计出各个区域的前三名的热门商品，综合了Spark SQL多表查询、分组排序、自定义函数等知识点的应用。该模块可以让企业管理层看到电商平台在不同区域出售的商品的整体情况，从而对相关公司商品的战略进行调整。

9.2 项目实现

本节进入项目实现环节，完成商品统计分析项目实战。

9.2.1 引入依赖

项目需要在本地模式下运行，所有功能需求都需要使用Spark读取本地文件内容，然后使用Spark SQL进行操作。通过Spark SQL实际上操作的是Hive数据源。Spark采用的是3.4.0版本，对应的Scala版本为2.12。项目pom.xml文件内容如代码9-1所示。

代码9-1　pom.xml

```xml
<?xml version="1.0" encoding="UTF-8"?>
<project xmlns="http://maven.apache.org/POM/4.0.0"
         xmlns:xsi="http://www.w3.org/2001/XMLSchema-instance"
```

```xml
        xsi:schemaLocation="http://maven.apache.org/POM/4.0.0
http://maven.apache.org/xsd/maven-4.0.0.xsd">

    <modelVersion>4.0.0</modelVersion>

    <dependencies>
        <dependency>
            <groupId>org.apache.spark</groupId>
            <artifactId>spark-core_2.12</artifactId>
            <version>3.4.0</version>
        </dependency>

        <dependency>
            <groupId>org.apache.spark</groupId>
            <artifactId>spark-sql_2.12</artifactId>
            <version>3.4.0</version>
        </dependency>

        <dependency>
            <groupId>org.apache.spark</groupId>
            <artifactId>spark-hive_2.12</artifactId>
            <version>3.4.0</version>
        </dependency>

        <dependency>
            <groupId>org.apache.hive</groupId>
            <artifactId>hive-exec</artifactId>
            <version>1.2.1</version>
        </dependency>

        <dependency>
            <groupId>mysql</groupId>
            <artifactId>mysql-connector-java</artifactId>
            <version>5.1.27</version>
        </dependency>

    </dependencies>

    <groupId>com.bigdata</groupId>
    <artifactId>sparksqlproject</artifactId>
    <packaging>jar</packaging>
    <version>1.0-SNAPSHOT</version>
</project>
```

9.2.2 环境测试

项目在本地模式下运行，因此需要通过一个使用Spark SQL读取Hive数据表的程序来测试环境是否能够通过。该程序代码如下：

代码9-2　Test.scala

```scala
package com.bigdata.SparkSQL

import org.apache.spark.SparkConf
import org.apache.spark.sql.SparkSession

/**
 * @author mrchi
 * @version 1.0
 */

object Spark02_SparkSQL_Hive_demo1 {
  def main(args: Array[String]): Unit = {
//    System.setProperty("HADOOP_USER_NAME", "hadoop")
    // 创建Spark SQL的运行环境
    val sparkConf: SparkConf = new SparkConf().setMaster("local[*]").setAppName("sparkSQL")
    val sparkSession: SparkSession = SparkSession.builder().enableHiveSupport().config(sparkConf).
      getOrCreate()

    //进入数据库
//    sparkSession.sql("create database spark_demo")
    sparkSession.sql("use spark_demo")

    sparkSession.sql("show databases").show()

    // 关闭环境
    sparkSession.close()
  }
}
```

以上程序运行后如果显示数据库列表，则表示环境测试通过。

9.2.3　Spark SQL 初始化数据

项目的数据包括3个文本文件，需要将这3个文件分别通过SQL语句创建对应的Hive内部表，并导入对应的文本文档的数据，从而为接下来的大数据分析做好数据准备。进入数据库、建表和导入数据的实现代码如代码9-3所示。

代码9-3　Spark02_SparkSQL_Hive_demo1.scala

```scala
package com.bigdata.SparkSQL
package com.bigdata.SparkSQL

import org.apache.spark.SparkConf
```

```scala
import org.apache.spark.sql.SparkSession

/**
 * @author mrchi
 * @version 1.0
 */

/**
 * 数据的准备：进入数据库，创建表，导入数据
 */
object Spark02_SparkSQL_Hive_demo1 {
  def main(args: Array[String]): Unit = {
    // TODO 创建SparkSQL的运行环境
    val sparkConf: SparkConf = new SparkConf().setMaster("local[*]").setAppName("sparkSQL")
    val sparkSession: SparkSession = SparkSession.builder().enableHiveSupport().config(sparkConf).
      getOrCreate()

    //进入数据库
    sparkSession.sql("create database spark_demo")
    sparkSession.sql("use spark_demo")

    //准备数据，创建表
    //用户信息表
    sparkSession.sql(
      """
        |CREATE TABLE 'user_visit_action'(
        | 'date' string,
        | 'user_id' bigint,
        | 'session_id' string,
        | 'page_id' bigint,
        | 'action_time' string,
        | 'search_keyword' string,
        | 'click_category_id' bigint,
        | 'click_product_id' bigint,
        | 'order_category_ids' string,
        | 'order_product_ids' string,
        | 'pay_category_ids' string,
        | 'pay_product_ids' string,
        | 'city_id' bigint)
        |row format delimited fields terminated by '\t'
      """.stripMargin)
    //每行的开头可能会有空格，可以在多行字符串的结尾添加stripMargin方法来取消空格
    sparkSession.sql(
      """
```

```
        |load data local inpath 'datas/user_visit_action.txt' into table
spark_demo.user_visit_action
        |""".stripMargin)

    //商品信息表
    sparkSession.sql(
      """
        |CREATE TABLE 'product_info'(
        | 'product_id' bigint,
        | 'product_name' string,
        | 'extend_info' string)
        |row format delimited fields terminated by '\t'
        |""".stripMargin)

    sparkSession.sql(
      """
        |load data local inpath 'datas/product_info.txt' into table
spark_demo.product_info
        |""".stripMargin)

    //城市信息表
    sparkSession.sql(
      """
        |CREATE TABLE 'city_info'(
        | 'city_id' bigint,
        | 'city_name' string,
        | 'area' string)
        |row format delimited fields terminated by '\t'
        |""".stripMargin)

    sparkSession.sql(
      """
        |load data local inpath 'datas/city_info.txt' into table
spark_demo.city_info
        |""".stripMargin)

    sparkSession.sql("show tables").show()
//    sparkSession.sql("show databases").show()

    // 关闭环境
    sparkSession.close()
  }
}
```

以上程序运行后，会显示一个列表，列表中的元素是3张Hive表的表名，表示初始化数据成功。也可以通过Hive Shell模式查看每张表的数据。

9.2.4　Spark SQL 商品数据分析

需求：查询每个地区商品点击次数的前3位。

实现思路：

（1）查询出所有的点击记录，并与city_info表连接，得到每个城市所在的地区；与product_info表连接，得到产品名称。

（2）按照地区和商品id分组，统计出每个商品在每个地区的总点击次数。

（3）每个地区内按照点击次数降序排列。

（4）只取每个地区商品点击次数的前三名。

（5）城市备注需要自定义UDAF函数。

具体实现代码如代码9-4所示。

代码9-4　Spark02_SparkSQL_Hive_demo2.scala

```scala
package com.bigdata.SparkSQL
import org.apache.spark.SparkConf
import org.apache.spark.sql.{Encoder, Encoders, SparkSession, functions}
import org.apache.spark.sql.expressions.Aggregator
import scala.collection.mutable
import scala.collection.mutable.ListBuffer

/**
 * @author mrchi
 * @version 1.0
 */

/**
 * 进行表的查询
 */
object Spark02_SparkSQL_Hive_demo2 {
  def main(args: Array[String]): Unit = {
    // TODO 创建SparkSQL的运行环境
    val sparkConf: SparkConf = new SparkConf().setMaster("local[*]").setAppName("sparkSQL")
    val sparkSession: SparkSession = SparkSession.builder().enableHiveSupport().config(sparkConf).getOrCreate()

    //进入数据库
    sparkSession.sql("use spark_demo")

    //查询基本数据
```

```
sparkSession.sql(
    """
      | select
      |    a.*,
      |    p.product_name,
      |    c.area,
      |    c.city_name
      | from user_visit_action a
      | join product_info p on a.click_product_id = p.product_id
      | join city_info c on a.city_id = c.city_id
      | where a.click_product_id > -1
      |""".stripMargin).createOrReplaceTempView("t1")  //把上面的查询结果放在
一张临时表t1中

    //根据区域对商品进行数据聚合
    sparkSession.udf.register("cityRemark",functions.udaf(new
cityRemarkUDAF()))
    sparkSession.sql(
      """
        | select
        |    area,
        |    product_name,
        |    count(*) as clickCnt,
        |  cityRemark(city_name) as city_remark
        |from t1 group by area,product_name
        |""".stripMargin).createOrReplaceTempView("t2")

    //在区域内对点击数量进行排序
    sparkSession.sql(
      """
        | select
        |    *,
        |    rank() over(partition by area order by clickCnt desc) as rank
        | from t2
        |""".stripMargin).createOrReplaceTempView("t3")

    //取前三名
    sparkSession.sql(
      """
        | select
        |  *
        | from t3 where rank <=3
        |""".stripMargin).show(false)  //这里的false表示显示完整的字段名,如果不写,
当字段过长时会被省略


    // 关闭环境
```

```
        sparkSession.close()
    }

    /*
    自定义聚合函数：实现城市备注功能
    1.自定义类继承org.apache.spark.sql.expressions.Aggregator
      定义泛型
         IN: 输入的数据类型——城市的名称
         BUF: 缓冲区的数据类型(使用了样例类)——【总点击数量，
Map[ (city,cnt),(city,cnt) ]】
         OUT: 输出的数据类型——备注信息
    2.重写方法
    */

    case class Buffer(var total:Long,var cityMap:mutable.Map[String,Long])

    class cityRemarkUDAF extends Aggregator[String,Buffer,String]{

        //初始值，缓冲区初始化
        override def zero: Buffer = {
            Buffer(0,mutable.Map[String,Long]())
        }

        //根据输入的数据更新缓冲区的数据
        override def reduce(buff: Buffer, city: String): Buffer = {
            buff.total += 1
            val newCount = buff.cityMap.getOrElse(city,0L) + 1 //获取cityMap的value，
如果能取到，就在取到的值的基础上加1；如果取不到，就赋值为0，然后加1
            buff.cityMap.update(city,newCount)    //更新缓冲区
            buff
        }

        //合并缓冲区的数据
        override def merge(buff1: Buffer, buff2: Buffer): Buffer = {
            buff1.total += buff2.total    //将点击量合并

            val map1: mutable.Map[String, Long] = buff1.cityMap
            val map2: mutable.Map[String, Long] = buff2.cityMap

            //方式一：两个map合并操作
//          buff1.cityMap = map1.foldLeft(map2) {
//              case (map, (city, count)) => { //key: city, value: count
//                  val newCount = map.getOrElse(city, 0L) + count
//                  map.update(city, newCount)
//                  map
//              }
//          }
```

```
//      buff1

    //方式二：两个map合并操作
    map2.foreach{
      case (city , count) => {
        val newCount = map1.getOrElse(city,0L) + count
        map1.update(city, newCount)
      }
    }
    buff1.cityMap = map1
    buff1
}

//将统计的结构生成字符串信息
override def finish(buff: Buffer): String = {
  val remarkList: ListBuffer[String] = ListBuffer[String]()

  val totalCount: Long = buff.total    //城市的总数量
  val cityMap: mutable.Map[String, Long] = buff.cityMap

  //数据进行降序排列，取前两个
  val cityCountList: List[(String, Long)] = cityMap.toList.sortWith( //
因为List可以排序
    (left, right) => {         //对cityMap1和cityMap2进行比较
      left._2 > right._2
    }
  ).take(2)

  //判断城市是否大于2
  val bool: Boolean = cityMap.size > 2
  var rsum = 0L
  cityCountList.foreach{
    case (city,count) => {   //city城市名称,count城市数量
      val r = count * 100 / totalCount    //求出商品在主要城市的比例，乘100是为
了取整
      remarkList.append(s"${city} ${r}%")
      rsum += r
    }
  }

  if (bool){
    remarkList.append(s"其他 ${100-rsum}")
  }

  remarkList.mkString(",")
}
```

```scala
    //缓冲区的编码操作,自定义的类就写Encoders.product,如果是scala存在的类,如Long,
就写Encoders.scalaLong
    override def bufferEncoder: Encoder[Buffer] = Encoders.product

    override def outputEncoder: Encoder[String] = Encoders.STRING
  }
}
```

以上程序的运行结果如下:

```
+----+------------+--------+--------------------------+----+
|area|product_name|clickCnt|city_remark               |rank|
+----+------------+--------+--------------------------+----+
|东北 |商品_41      |169     |哈尔滨 35%,大连 34%,其他 31 |1   |
|东北 |商品_91      |165     |哈尔滨 35%,大连 32%,其他 33 |2   |
|东北 |商品_58      |159     |沈阳 37%,大连 32%,其他 31   |3   |
|东北 |商品_93      |159     |哈尔滨 38%,大连 37%,其他 25 |3   |
|华东 |商品_86      |371     |上海 16%,杭州 15%,其他 69   |1   |
|华东 |商品_47      |366     |杭州 15%,青岛 15%,其他 70   |2   |
|华东 |商品_75      |366     |上海 17%,无锡 15%,其他 68   |2   |
|华中 |商品_62      |117     |武汉 51%,长沙 48%          |1   |
|华中 |商品_4       |113     |长沙 53%,武汉 46%          |2   |
|华中 |商品_29      |111     |武汉 50%,长沙 49%          |3   |
|华中 |商品_57      |111     |武汉 54%,长沙 45%          |3   |
|华北 |商品_42      |264     |郑州 25%,保定 25%,其他 50   |1   |
|华北 |商品_99      |264     |北京 24%,郑州 23%,其他 53   |1   |
|华北 |商品_19      |260     |郑州 23%,保定 20%,其他 57   |3   |
|华南 |商品_23      |224     |厦门 29%,福州 24%,其他 47   |1   |
|华南 |商品_65      |222     |深圳 27%,厦门 26%,其他 47   |2   |
|华南 |商品_50      |212     |福州 27%,深圳 25%,其他 48   |3   |
|西北 |商品_15      |116     |西安 54%,银川 45%          |1   |
|西北 |商品_2       |114     |银川 53%,西安 46%          |2   |
|西北 |商品_22      |113     |西安 54%,银川 45%          |3   |
+----+------------+--------+--------------------------+----+
```

至此,我们完成了基于Windows系统本地环境的Spark SQL商品统计分析项目实战。

第 10 章 Spark SQL咖啡销售数据分析项目实战

本章主要讲解基于CentOS系统本地环境的Spark SQL大数据分析项目——咖啡销售数据分析的开发过程。项目要求CentOS系统上搭建Spark3.4.0本地模式安装，项目功能实现全部基于Spark Shell模式编写。通过本章的数据分析实战，能让读者掌握大数据分析的典型流程，包括数据预处理、数据分析和存储、数据可视化。

本章主要知识点：

* Spark Shell模式下Scala脚本的编写
* Spark SQL语句的编写
* 大数据可视化的开发

10.1 项目介绍

本项目是在对咖啡连锁店的数据进行预处理后，进行一系列的关于咖啡销售量排名、分布情况等的数据分析，最后基于分析结果进行Python语言可视化呈现。

1. 项目环境

本项目主要通过综合运用大数据处理框架Spark、Hadoop及数据可视化技术，对数据进行存储、处理和分析。项目的主要环境配置及其版本信息如下：

（1）Linux操作系统：CentOS7。

（2）Hadoop：3.1.3。

（3）Spark：3.4.0。

（4）Python：3.8。

（5）Scala：2.12.15。

2. 数据集说明

实验数据来源于kaggle的CoffeeChain.csv，共有4248条数据。读者可以从本章配套项目源码中获取该文件，并放到自己本地路径下。数据字典如表10-1所示。

表 10-1　数据集说明

字段名称	字段说明	字段名称	字段说明
Area Code	区号	Budget Profit	利润预算
Ddate	统计日期	Budget Sales	销售预算
Market	市场位置	Coffee Sales	实际销售
Market Size	市场规模	Cogs	实际成本
Product	产品	Inventory	库存
Product Type	产品类别	Margin	实际盈余
State	所在州	Marketing	销售量
Type	产品属性	Number of Records	记录数
Budget Cogs	预算成本	Profit	实际利润
Budget Margin	预算盈余	Total Expenses	其他成本

3. 内容概述

本项目的主要内容如下：

（1）对数据集进行数据预处理，删除冗余列，将数据保存在本地。

（2）使用Spark SQL对数据进行分析。

（3）对分析结果进行可视化呈现，如汇总数据可视化等，使用的语言为Python。

10.2　数据预处理与数据分析

通过查看数据集介绍，并实际考察数据集，发现其中并无脏数据，但是有冗余列，而且只有一个冗余列。为了最大化效率，直接在Excel中手动删除该冗余列。数据集的读取路径为（CentOS系统下的本地路径）"file:///home/hadoop/桌面/CoffeeChain.csv"。数据分析则是基于删除冗余列之后的数据，分为多个分析需求。本节介绍每个需求在Spark Shell模式下的实现。

10.2.1 查看咖啡销售量排名

（1）读入coffee_chain.csv。

（2）将选取的数据按照销售量降序排列。

（3）将结果存入文件。

具体实现代码如下：

```
# 读入CSV文件，读取完后df的类型为DataFrame
val filePath="file:///home/hadoop/桌面/CoffeeChain.csv"
val df=spark.read.options(
Map("inferSchema"->"true","delimiter"->",","header"->"true")).csv(filePath)
# 创建表用于SQL查询
df.createOrReplaceTempView("coffee")
# 执行查询
val b = spark.sql("select product,sum(Marketing) as number from coffee group by product order by number desc")
# 保存文件为sell_num.csv
b.write.option("header",true).csv("file:///home/hadoop/桌面/sell_num.csv")
```

运行过程和结果如图10-1所示。

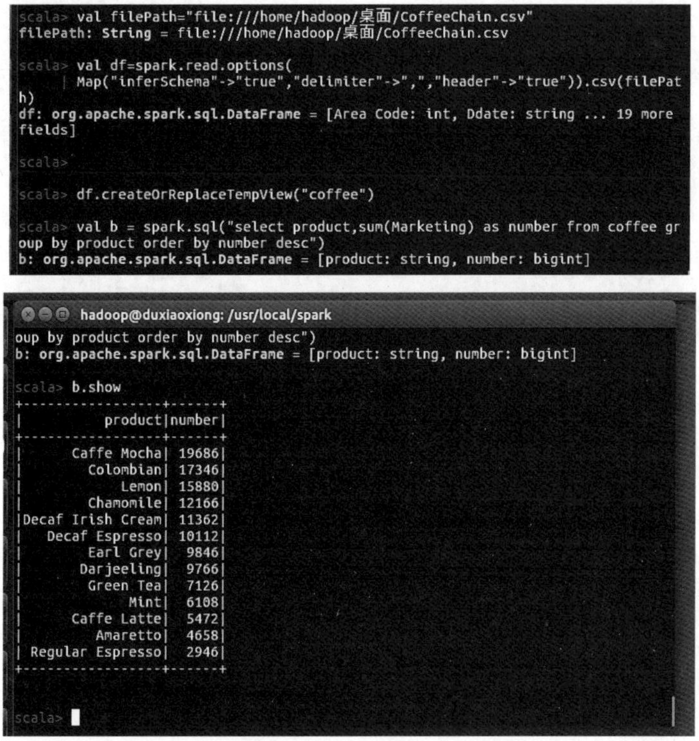

图 10-1　运行过程和结果

10.2.2 观察咖啡销售量的分布情况

(1) 查询咖啡销售量和state的关系, 代码如下:

```
# 读入CSV文件，读取完后df的类型为DataFrame
val filePath="file:///home/hadoop/桌面/CoffeeChain.csv"
val df=spark.read.options(
Map("inferSchema"->"true","delimiter"->",","header"->"true")).csv(filePath)
# 创建表用于SQL查询
df.createOrReplaceTempView("coffee")
# 执行查询
val b = spark.sql("select market,state,sum(Marketing) as number from coffee group by state,market order by number desc")
# 保存文件为CSV
b.write.option("header",true).csv("file:///home/hadoop/桌面/state_sell_num.csv")
```

运行结果如图10-2所示。

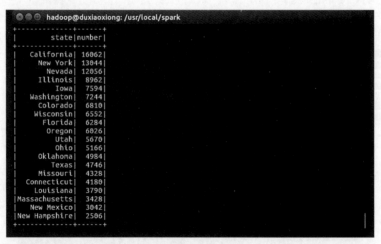

图 10-2 咖啡销售量和 state 的关系

可以发现，加利福尼亚和纽约的人最喜欢喝咖啡。

(2) 查询咖啡销售量和市场的关系, 代码如下:

```
# 读入CSV文件，读取完后df的类型为DataFrame
val filePath="file:///home/hadoop/桌面/CoffeeChain.csv"
val df=spark.read.options(
Map("inferSchema"->"true","delimiter"->",","header"->"true")).csv(filePath)
# 创建表用于SQL查询
df.createOrReplaceTempView("coffee")
# 执行查询
```

```
val b = spark.sql("select market,sum(Marketing) as number from coffee group
by market order by number desc")
# 保存文件为CSV
b.write.option("header",true).csv("file:///home/hadoop/桌面
/market_sell_num.csv")
```

运行结果如图10-3所示。

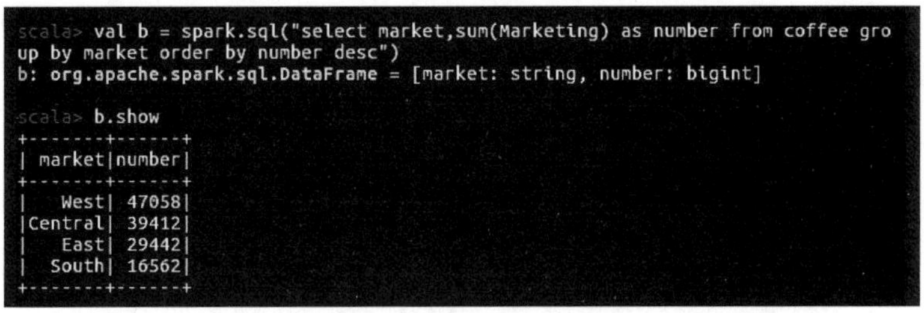

```
scala> val b = spark.sql("select market,sum(Marketing) as number from coffee gro
up by market order by number desc")
b: org.apache.spark.sql.DataFrame = [market: string, number: bigint]

scala> b.show
+-------+------+
| market|number|
+-------+------+
|   West| 47058|
|Central| 39412|
|   East| 29442|
|  South| 16562|
+-------+------+
```

图 10-3　咖啡销售量和市场地域的关系

可以发现西部地区和中部地区的咖啡销售量远远大于东部和南部。

（3）查询咖啡的平均利润和售价，代码如下：

```
# 读入CSV文件，读取完后df的类型为DataFrame
val filePath="file:///home/hadoop/桌面/CoffeeChain.csv"
val df=spark.read.options(
Map("inferSchema"->"true","delimiter"->",","header"->"true")).csv(filePat
h)
# 创建表用于SQL查询
df.createOrReplaceTempView("coffee")
# 执行查询
val b = spark.sql("select product,avg('Coffee Sales'),avg(profit) as
avg_profit from coffee group by product order by avg_profit desc")
# 保存文件为CSV
b.write.option("header",true).csv("file:///home/hadoop/桌面
/coffee_avg_sell_price_and_profit.csv")
```

运行结果如图10-4所示。

（4）查询咖啡的平均利润与售价和销售量的关系，代码如下：

```
# 读入CSV文件，读取完后df的类型为DataFrame
val filePath="file:///home/hadoop/桌面/CoffeeChain.csv"
val df=spark.read.options(
Map("inferSchema"->"true","delimiter"->",","header"->"true")).csv(filePath)
# 创建表用于SQL查询
df.createOrReplaceTempView("coffee")
# 执行查询
val b = spark.sql("select a.product,avg('Coffee Sales'),avg(profit) as
avg_profit , b.number from coffee as a, (select product,sum(Marketing) as number
```

```
from coffee group by product) as b where a.product == b.product group by
a.product,b.number order by b.number desc ")
    # 保存文件为CSV
    b.write.option("header",true).csv("file:///home/hadoop/桌面
/coffee_avg_price_profit_relation_sell_num.csv")
```

运行结果如图10-5所示。

```
scala> b.show
+-----------------+------------------+------------------+
|          product|avg(Coffee Sales)|        avg_profit|
+-----------------+------------------+------------------+
| Regular Espresso| 333.7638888888889| 139.7916666666666|
|        Colombian|267.31458333333336|116.25833333333334|
|        Earl Grey|231.84722222222223| 83.90277777777777|
|       Darjeeling|190.49739583333334| 75.65885416666667|
|   Decaf Espresso| 191.5735294117647| 72.30882352941177|
|        Chamomile|196.81770833333334|        70.9140625|
|            Lemon|199.84583333333333| 62.22708333333333|
|      Caffe Latte|166.19907407407408| 52.66203703703704|
|      Caffe Mocha|176.88333333333333| 36.82916666666666|
|Decaf Irish Cream|162.10416666666666|        36.4296875|
|             Mint|185.98958333333334| 32.05208333333336|
|         Amaretto|136.81770833333334|          25.46875|
|        Green Tea|          114.0625|-0.8020833333333334|
+-----------------+------------------+------------------+
```

图 10-4 咖啡的平均利润和售价

```
+-----------------+------------------+------------------+------+
|          product| avg(Coffee Sales)|        avg_profit|number|
+-----------------+------------------+------------------+------+
|      Caffe Mocha|176.88333333333333| 36.82916666666666| 19686|
|        Colombian|267.31458333333336|116.25833333333334| 17346|
|            Lemon|199.84583333333333| 62.22708333333333| 15880|
|        Chamomile|196.81770833333334|        70.9140625| 12166|
|Decaf Irish Cream|162.10416666666666|        36.4296875| 11362|
|   Decaf Espresso| 191.5735294117647| 72.30882352941177| 10112|
|        Earl Grey|231.84722222222223| 83.90277777777777|  9846|
|       Darjeeling|190.49739583333334| 75.65885416666667|  9766|
|        Green Tea|          114.0625|-0.8020833333333334|  7126|
|             Mint|185.98958333333334| 32.05208333333336|  6108|
|      Caffe Latte|166.19907407407408| 52.66203703703704|  5472|
|         Amaretto|136.81770833333334|          25.46875|  4658|
| Regular Espresso| 333.7638888888889| 139.7916666666666|  2946|
+-----------------+------------------+------------------+------+
```

图 10-5 咖啡的平均利润与售价和销售量的关系

可以发现，平均利润与售价和销售量似乎没有特别明显的关系。更进一步地，我们可以看看是否销售量高的商品，其他成本（人力成本或广告成本）更高。

（5）查询咖啡的平均利润、销售量与其他成本的关系，代码如下：

```
    # 读入CSV文件，读取完后df的类型为DataFrame
    val filePath="file:///home/hadoop/桌面/CoffeeChain.csv"
    val df=spark.read.options(
    Map("inferSchema"->"true","delimiter"->",","header"->"true")).csv(filePath)
    # 创建表用于SQL查询
    df.createOrReplaceTempView("coffee")
    # 执行查询
    val b = spark.sql("select a.product, avg(profit) as avg_profit , b.number ,
avg(a.'Total Expenses') as other_cost from coffee as a, (select product,
sum(Marketing) as number from coffee group by product) as b where a.product ==
b.product group by a.product,b.number order by b.number desc ")
```

```
# 保存文件为CSV
b.write.option("header",true).csv("file:///home/hadoop/桌面/coffee_relation_price_ _sellnum_othercost.csv")
```

运行结果如图10-6所示。

图10-6 咖啡的平均利润、销售量与其他成本的关系

果然，销售量高的商品，其他支出也比较高，极有可能是花了较多的钱去做广告，或是雇佣更好的工人做咖啡，或是有着更好的包装。

（6）查询咖啡属性与平均售价、平均利润、销售量和其他成本的关系。

```
# 读入CSV文件，读取完后df的类型为DataFrame
val filePath="file:///home/hadoop/桌面/CoffeeChain.csv"
val df=spark.read.options(
Map("inferSchema"->"true","delimiter"->",","header"->"true")).csv(filePath)
# 创建表用于SQL查询
df.createOrReplaceTempView("coffee")
# 执行查询
val b = spark.sql("select a.type,avg(a.'Coffee Sales') as avg_sales, avg(profit) as avg_profit , sum(b.number) as total_sales , avg(a.'Total Expenses') as other_cost from coffee as a, (select product,sum(Marketing) as number from coffee group by product) as b where a.product == b.product group by a.type order by total_sales desc ")
# 保存文件为CSV
b.write.option("header",true).csv("file:///home/hadoop/桌面/coffee_relation_type_price_ _sellnum_profit_othercost.csv")
```

运行结果如图10-7所示。

图10-7 咖啡属性与平均售价、平均利润、销售量和其他成本的关系

可以发现，这两种咖啡的平均售价和利润相差不大，其他花费也差不多，但是销售量却差了近七百万，原因可能在于Decaf的受众不多。Decaf为低因咖啡，Regular为正常咖啡。

（7）查询市场规模、市场地域与销售量的关系。

```
# 读入CSV文件，读取完后df的类型为DataFrame
val filePath="file:///home/hadoop/桌面/CoffeeChain.csv"
val df=spark.read.options(
Map("inferSchema"->"true","delimiter"->",","header"->"true")).csv(filePath)
# 创建表用于SQL查询
df.createOrReplaceTempView("coffee")
# 执行查询
val b = spark.sql("select Market,'Market Size', sum('Coffee Sales') as total_sales  from coffee group by Market,'Market Size' order by total_sales desc ")
# 保存文件为CSV
b.write.option("header",true).csv("file:///home/hadoop/桌面/coffee_relation_market_marketsize_total_sales.csv")
```

运行结果如图10-8所示。

```
b.show
+-------+------------+-----------+
| Market| Market Size|total_sales|
+-------+------------+-----------+
|   West|Small Market|     175372|
|Central|Major Market|     152579|
|   East|Major Market|     138260|
|Central|Small Market|     112466|
|   West|Major Market|      96892|
|  South|Small Market|      66516|
|   East|Small Market|      40316|
|  South|Major Market|      37410|
+-------+------------+-----------+
```

图10-8　市场规模、市场地域与销售量的关系

可以发现，小商超卖出的咖啡数量竟然比大商超卖出的更多。

10.3　数据可视化

本节实现基于数据分析结果的可视化呈现。上一节的数据分析结果都保存在对应的CSV文件中，此处用Python程序进行简单的结果可视化呈现即可。需要实现可视化呈现的结果包括：咖啡销售量排名、销售量与state的关系、咖啡销售量和市场区域的关系、咖啡的平均利润和售价、咖啡的平均利润与售价和销售量的关系。完整的可视化代码如下：

```
import plotly.graph_objects
import plotly.express as px
import pandas as pd
```

```
    InvestorsCount = pd.read_csv('big_data/sell_num.csv')
    sample_InvestorsCount = InvestorsCount.head(10)
    fig_InvestorsCount = px.pie(sample_InvestorsCount, values='number',
names='product', title='investorsCount')
    fig_InvestorsCount.update_traces(hoverinfo='label+percent',
textinfo='value', textfont_size=20,
                  marker=dict(line=dict(color='#000000', width=2)))
    fig_InvestorsCount.write_image('big_data/investorsCount.png')
    InvestorsCount = pd.read_csv('big_data/state_sell_num.csv')
    sample_InvestorsCount = InvestorsCount.head(10)
    fig_InvestorsCount = px.pie(sample_InvestorsCount, values='number',
names='state', title='investorsCount')

    fig_InvestorsCount.update_traces(hoverinfo='label+percent',
textinfo='value', textfont_size=20,
                  marker=dict(line=dict(color='#000000', width=2)))
    fig_InvestorsCount.write_image('big_data/state_sell_num.png')
    Count = pd.read_csv('big_data/market_sell_num.csv')
    sample_Count = Count.head(5)
    fig_industryCount = px.bar(sample_Count, x='market', y='number',
text_auto='.2s')
    fig_industryCount.write_image('big_data/market_sell_num.png')
    import plotly.express as px
    long_df = px.data.medals_long()
    long_df.head()
    Count = pd.read_csv('big_data/coffee_avg_price_and_profit.csv')
    sample_Count = Count.head(14)
    fig_industryCount = px.bar(sample_Count, x='product',
y=['product','avg(Coffee Sales)','avg_profit'],
barmode='group',text_auto='.2s')
    fig_industryCount.write_image('big_data/coffee_avg_price_and_profit.png')
    import plotly.express as px
    long_df = px.data.medals_long()
    long_df.head()
    Count =
pd.read_csv('big_data/coffee_relation_market_marketsize_total_sales.csv')
    sample_Count = Count.head(14)
    fig_industryCount = px.bar(sample_Count, x='Market', y=['total_sales'],
text_auto='.2s')
    fig_industryCount.write_image('big_data/coffee_relation_market_marketsize_
total_sales.png')
```

可视化结果如图10-9～图10-13所示。

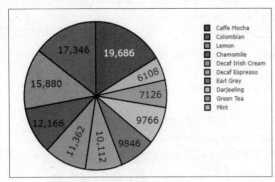
图 10-9　咖啡销售量排名

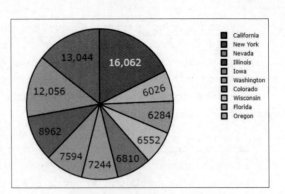
图 10-10　销售量与 state 的关系

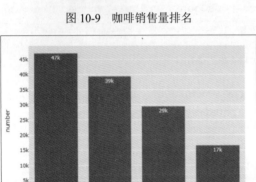
图 10-11　咖啡销售量和市场区域的关系

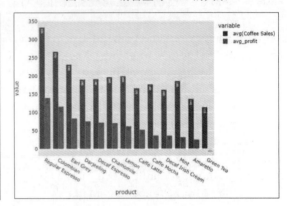
图 10-12　咖啡的平均利润和售价

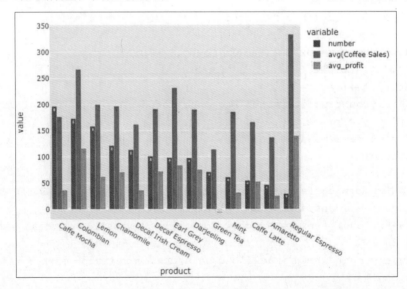
图 10-13　咖啡的平均利润与售价和销售量的关系

至此，我们使用Spark SQL完成了基于CentOS系统本地环境的咖啡销售数据分析项目。